运动鞋：

时尚、性别与亚文化

SNEAKERS
Fashion, Gender, and Subculture

〔日〕川村由仁夜 Yuniya Kawamura　著

王乃天　译

重庆大学出版社

SNEAKERS: Fashion, Gender, and Subculture ©Yuniya Kawamura, 2016
This translation of *Sneakers* is published by arrangement with Bloomsbury Publishing Plc.

版贸核渝字（2022）第 109 号

图书在版编目（CIP）数据

运动鞋：时尚、性别与亚文化 /（日）川村由仁夜
（Yuniya Kawamura）著；王乃天译. -- 重庆：重庆大
学出版社，2023.3
（万花筒）
书名原文：SNEAKERS: Fashion, Gender, and
Subculture
ISBN 978-7-5689-3758-0

Ⅰ.①运… Ⅱ.①川… ②王… Ⅲ.①运动鞋—文化
史 Ⅳ.①TS943.74-09
中国国家版本馆CIP数据核字（2023）第036176号

运动鞋：时尚、性别与亚文化

YUNDONGXIE: SHISHANG、XINGBIE YU YAWENHUA

[日] 川村由仁夜（Yuniya Kawamura）—— 著
王乃天 —— 译

责任编辑：张　维
书籍设计：崔晓晋
责任校对：王　倩
责任印制：张　策

重庆大学出版社出版发行
出版人：饶帮华
社址：（401331）重庆市沙坪坝区大学城西路 21 号
网址：http://www.cqup.com.cn
印刷：天津图文方嘉印刷有限公司

开本：880mm×1230mm　1/32　印张：7.5　字数：180 千
2023 年 3 月第 1 版　　2023 年 3 月第 1 次印刷
ISBN 978-7-5689-3758-0　定价：99.00 元

目 录
CONTENTS

致谢　　　*1*

序言：社会学之中的运动鞋　　　*4*

第一章　鞋类相关学术研究　　　*30*

第二章　作为亚文化的运动鞋：从地下到地上　　　*56*

第三章　象征男性气质的运动鞋：足上的男子气概　　　*88*

第四章　焕然一新的男性装饰　　　*121*

第五章　涂尔干视角下的运动鞋亚文化　　　*159*

第六章　结语　运动鞋研究的未来方向与可能　　　*169*

注释　　　*180*

参考文献　　　*184*

人名索引　　　*201*

致　谢

Acknowledgements

　　我要感谢所有那些将自己的故事、经历，以及对运动鞋的热情分享给我的纽约运动鞋爱好者、拥趸及收藏家们，同时我也要感谢那些允许我拍摄他们运动鞋收藏的藏家们，没有他们的无私奉献，本书是断然无法完成的。我向他们对于运动鞋的坚定热爱致敬，同时也向全世界的鞋迷们致敬。

　　我还要感谢所有纽约时装学院（FIT）人文社会科学部同事提供的学术支持，他们包括卢·塞拉、厄尼·普尔、玛格丽特·梅尔、约瑟夫·马约卡、亚瑟明·塞利克、罗伯塔·佩利、保罗·克莱门特、普拉文·乔杜里、埃姆雷·奥索兹、丹·本肯多夫、郑焕容（马克）、根纳迪·莱基尔和丹·莱文森·威尔克。我在纽约时装学院开设的课程"服装与社会""非西方服饰 / 时尚的文化表现"，以及"青年亚文化、身份和时尚"课上的学生们同样为我的想法提供了宝贵的意见，他们也一直不断地激励着我的研究，因为我们对时尚抱有同样的热爱。

我曾在美国国内及海外的学术会议上多次发表过关于运动鞋研究的讲稿：如在法国巴黎装饰艺术博物馆举办的"创作西方时尚史"学术会议上的《有/无视觉素材为证据的时尚和服装系统论》（A Systemic Approach to Fashion and Dress with/without Visual Materials as Evidence），在英国牛津大学曼斯菲尔德学院举办的"时尚：探索关键问题"全球会议上的《鞋类学术研究》（Academic Research on Footwear），以及在意大利都灵大学"欧洲社会学学会会议"（ESA）上的《通过运动鞋设计实现街头艺术/艺术家的合法化》（The Legitimation of Street Art/Artists through Sneaker Designs）等。这些项目部分由纽约时装学院的教师发展补助金及奖励计划（FDGA）还有人文学科院长办公室资助，我由衷地感谢他们。

感谢所有那些在本书完成前邀我前去讲课的学校及会议组织者，诸如纽约大学的"今日时尚研究：历史、理论及实践"学术会议，博洛尼亚大学里米尼分校的暑期项目"时尚与创造力"，以及东京明治大学的"时尚商业项目研讨会"。

这是我在布鲁姆斯伯里出版社（Berg/Bloomsbury）出版的第五本著作，和他们高效而专业的编辑团队合作总是令人愉快，尤其是汉娜·科伦普和阿里阿德涅·古德温两位编辑，我对他们的耐心细致十分感激。

我也特别感激《日本经济新闻》（简称《日经》）的前同事和朋友们，在二十年前我对时尚一无所知的时候是他们让我有机会得以在刊物上发表相关文章，这也使我最终有机会在社会学专业方面进行深造并完成关于时尚与社会学的博士论文。他们还曾邀请我为《日本经济新闻》（晚刊）的"时尚专栏"撰写过运动鞋相关的文章。

我还要感谢我在东京的研究助理清水秀树（Hideki Shimizu），他帮我收集并整理了诸多相关数据。同时感谢纽约时装学院和哥伦比亚大学图书馆工作人员给我提供的慷慨帮助。

最后，本书献给我的家人们，悠雅、洋子、玛雅，是你们一直支持着我，正是在你们的爱和鼓舞之下，我才得以完成此书。

川村由仁夜

纽约

序言：

社会学之中的运动鞋

Placing Sneakers within Sociology

　　《运动鞋：时尚、性别与亚文化》是第一本以社会学视角去单独审视运动鞋的学术著作。这是一本对与运动鞋相关文化、社会、审美以及经济现象进行深入的理论与观念分析的研究著作，这些外在的社会构建因素不可避免地会影响到附着于运动鞋之上的主观与个体意义，以及衍生而来的相关实践及经验。我尝试去说明运动鞋是一个能够并且应该被置于社会学讨论及语境之中的主题，且其能够用多种理论路径及视角来进行考察。日常物品和手工艺品，特别是消费产品，这些每日可见的生活用品起源于大众文化，它们往往被学者们低估和忽视，但我认为运动鞋是一个恰当合理的研究主题，值得研究者们更多关注。就像其他种类的鞋子一样，运动鞋并不仅仅是一件简单的包裹着脚的物品，更是一种时尚配件、一种地位象征、一种亚文化，以及一种能将某些群体和个体联结在一起的现代和后现代社会文化对象。

乔治·雷诺士（Giorgio Riello）在其对 18 世纪鞋类的研究著作《过去的脚步》（*A Foot in the Past*, 2006）中曾写道：

> 鞋子具有漫长的历史，史前时代的鞋子仅仅是一块用来保护脚的木头或者皮革。时至今日，鞋子的意义已不仅限于保护功能，它们还表达着一系列与时尚、风格、个性、性别、性取向以及阶级等相关联的意义。(Riello 2006:1)

曾深入研究过高跟鞋的瓦莱丽·斯蒂尔（Valerie Steele）也曾提到，"在鞋子之中包含了大量关于个体的性取向、社会地位以及审美感受的信息……毫无疑问，鞋子有着巨大的社会和心理力量"。（Steele 2013:7）我希望搞清楚这些社会和心理力量对于运动鞋而言意味着什么，并进一步对运动鞋这一在过去十几年里才逐渐为大众所接纳的鞋履种类进行阐释分析。

此外，运动鞋爱好者们已经牢牢建立了一个由男性主导的、排斥女性的社群。性别是可见的，其通过物体、地点和文字等各种方式呈现出来，运动鞋在此代表了男性气质（manhood）和男子气概（masculinity）。性别的物质文化创造和再创造了性别化特征，一双运动使用的运动鞋反过来与男性性别联系在了一起，女性在此处于从属和次要的地位。男孩和年轻男子们是运动鞋最大的消费群体，在服装变得男女通用和性别模糊的背景之下，鞋依然通过其款式、颜色和尺码保持着性别区分。很少有人意识到，男性的运动鞋远比女性运动鞋的品种和选择更为多样。

然而，关于男性穿着的学术研究依然非常稀少。麦克尼尔（McNeil）和卡拉米纳斯（Karaminas）表示：

> 在整个时尚史上人们对男性穿着的关注都不甚足够。正如在二十世纪西方的社会想象中，女性变得更加与时尚消费画等号……尽管近来也出现了"都市玉男"（metrosexual）以及"新男性"（new man）等说法，但男性对于穿着有着和女性截然不同的态度这一观点仍在当代文化之中大行其道。（McNeil and Karaminas 2009:1）

同样，克里斯多福·布里渥（Christopher Breward）也在《塑造男性气质：男性鞋履与现代性》（*Fashioning Masculinity: Men's Footwear and Modernity*，2011）一文中讨论了人们对于男性对自身外表兴趣的普遍误解：

> 不同于流行的观念——认为男子气概与消费服装是相形互斥的——对于那些体面的男性时尚拥趸而言，一双好鞋一直是最为重要的考量之一。实际上，对于大多男性而言，无论他们对待衣着服饰的态度如何，至少一双尺码合脚的鞋子是能引起他们的购买性关注的，如果说衣着的舒适度和服装的品质激不起他们的消费欲的话。（Breward 2011:206—207）

对那些每天早上起来衣服还没穿就先决定好穿什么鞋子的人来说，布里渥的言论再正确不过了。对运动鞋爱好者们而言，鞋子定义着他们的身份认同，所以每日所穿的鞋履是至关重要的。他们对什么场合穿什么鞋、以什么方式穿鞋、怎么系鞋带这些问题一丝不苟，塑造他们身份的并非职业或社会背景，而是运动鞋在传达着关于他们的那些信息。正如一位运动鞋爱好者告诉我的：

> 穿上一双新鞋能把我带入不同的层次，运动鞋成就了我，我就是运动鞋，这种感觉难以形容。我感觉妙不可言，这是一种只有鞋迷（sneakerhead）才能理解的感受，如果你不是我们运动鞋爱好者，你可能很难理解我们对于运动鞋的那份感受。

穿上一双"合适"的运动鞋能让鞋迷们在社交上、心理上乃至情感上都得到满足，并在他们的群体里实实在在地获得尊重。他们能很清楚地区分哪些是圈内人，哪些不是。对他们来说，同好者的认可非常重要，因此他们不断地追求着那些能让自己获得尊重和名声的鞋款。一位有着近八百双藏品的运动鞋收藏家私下承认：

> 你收藏的鞋越多，你就越受人尊重。藏品的数量非常重要，因为如果你和我一样收藏了很多双运动鞋，你就需要一个地方或者房间来存放它们，而公寓是很贵的，尤其是在纽约，而我就有一整间屋子专门用来放运动鞋！同一款式我们经常会买两到三双，因为这意味着你手头足够富裕，这样的话一双可以拿来穿，一双可以留给特殊场合或者朋友，还有一双可以拿来在E-bay上卖。我也从来不会仅仅只为扩充收藏规模而什么鞋都买，我所收藏的鞋款都是稀有和独

一无二的。我个人从不会拍卖我的藏品，因为真正的鞋迷永远不该卖掉他的藏品，如果你真的喜欢它，你会把它好好留着的。对我来说这可不是生意，当然，对某些人来说就不一定了。

运动鞋是一种微妙的、潜在的炫耀性消费表达，一般大众不会识别出它们的价值，只有圈内人才能理解其意义，这也正是这个群体可以被称为一种"亚文化"的原因。

我发现运动鞋爱好者和英国摄政时期的花花公子（dandy）有相似之处，他们都致力于仅为同好者所识别。正如魏因施泰因（Vainshtein）所分析的那样（2009:97）："这种识别依靠的是一些微小的细节，这也是为什么服装细节成了摄政时期男装的重要特征——所以得拿着放大镜去仔细观察那些微小的细节并判断它们是否得体。"

本书对运动鞋爱好者们是如何开始在虚拟网络和现实空间中构建一个松散的社群进行了清晰的描绘和理解，并研究了他们对运动鞋的热情是如何在多年间通过竞争产生、重现、传播、扩展以及维持的。本书还将运动鞋的收藏、追寻和交易视为一种社会现象，并将运动鞋爱好者和他们的圈子看作一个将运动鞋（sneaker）从单纯的运动用鞋转变为一种时尚的亚文化群体，这一"时尚"正是由男性主导的运动鞋亚文化之中最为关键的概念。

少数学者认为，在亚文化研究之中，种族的因素经常被忽视。迪伦·克拉克（Dylan Clark）在其文章《朋克的生与死，最后的亚文化》（*The Death and Life of Punk, the Last Subculture*，2003）之中写道：

> 从 19 世纪 20 年代的摩登女郎到 19 世纪 70 年代的奇卡诺混血
> (Chicano cholos)，"亚文化"首先是一个容器，它试图去容纳不同群体
> 的年轻人，这些年轻人的情感、服装、音乐和规范都偏离了传统的
> 神话中心。然而这些亚文化群体在种族上经常是"白人"，这一点在
> 学术讨论之中常未被提及，尽管其意义非常重大。(Clark 2003:223,
> footnote 2)

玛丽安娜·玻色（Mariana Böse）同样在其文章《后亚文化理论中
"黑人"何在？》（*Where is the 'Black' in the Post-Subcultural Theory?* 2003：
167）之中发问。玻色对亚文化的研究侧重于种族和阶级，她采访了很多
加勒比黑人后裔的文化从业者，这些人当中不少都谈到白人亚文化对于
黑人"酷"（coolness）的挪用。

另一方面，大卫·马格尔顿（David Muggleton）（1997：199）对风格
（style）提出了一种后现代的解读，他认为风格"不再围绕着阶级、性别、
种族甚至'青年'这一年龄段的现代主义结构关系进行阐述"，我同意他
这种观点，即风格的异质性已经被推到了极致，以至于外表的叛逆仅仅
是时尚的另外某种形式而已（Muggleton 1997:195）。他暗示亚文化的真
实感受其实是不存在的，因此，虽然种族这个变量在运动鞋爱好者群体
之中还没有完全消失，但本书并未去关注已经变得愈发多样化并正在向
所有的文化、阶级、年龄、人种和民族去传播的运动鞋亚文化之中的种
族问题。

虽然鞋迷圈子包含了诸多亚文化的特征，不过却从未有过针对这个
群体的相关社会学或者人类学研究，目前已有大量关于鞋子的相关报

道、网站新闻以及博客存在，其中就涉及不少运动鞋的内容，这无疑是一个研究潜力巨大的领域。

我的理论应用及研究是建立在实证的基础上的，其内容涉及各个学科领域，如社会学、人类学、文化研究、亚文化研究、青年研究、媒体研究、性别研究、时尚与服装研究等。从学者的角度来说，作为一名社会学学者，我有责任去阐明那些经常性被遗忘、忽视和边缘化的话题，这能够提升社会公众和学术界对这些问题的认识，并弥合两个群体之间的理解差距。只要被置于文化与社会环境之中，这些实实在在的事物就必然会具有其社会意义。

本书主要面向上述社会科学学科的本科生、研究生以及学者，他们大部分可能对运动鞋领域不甚了解。此外，那些学习时装设计和时装商业的人士们，如销售和市场营销人员也可以从这本书中受益，因为书中描述了运动鞋成为"时尚"一分子的社会过程。本书之中还详细阐述了运动鞋从运动用鞋类到具有装饰目的和身份象征意义的鞋子的过渡及意义转换过程。运动鞋的日益流行还导致了一种被称为"街头服饰"（streetwear）的时尚流派的形成，史蒂文·沃格尔（Steven Vogel）对其如此解释：

> 街头服饰代表了一种生活方式，许多人都认为它诞生于20世纪80年代初的纽约。由于城市中的孩子们不断感受到疏离和挫折感，在纽约乃至全世界范围内的城市中心都兴起了这样一种受到滑板、朋克、硬核、雷鬼、嘻哈以及新兴的俱乐部文化、涂鸦、旅行以及当代艺术等影响的社群。（Vogel 2006:7）

街头服饰以一些志同道合的草根社群为基础，其款式简单、舒适、具有功能性而实用。许多人模仿了这一着装风格，对于这种风格的刻板印象是昂贵／稀有的运动鞋、宽松的牛仔裤、帽衫卫衣，以及宽松的涂鸦 T 恤（Sims 2010），而所有这些最初都是源于嘻哈美学。

此外，我的研究还在概念上对服饰穿着的物质对象（如鞋）和非物质对象（如时尚）这些难以定义和把握的概念进行了区分阐明。除某些特别提及的以外，本书使用的图片都是作者本人所拍摄，所有这些图片都是为了向读者更好地展示运动鞋那千变万化的种类和灵感无穷的设计。

即便本书的读者从未穿过运动鞋或对其毫无兴趣，他（她）也将从这些看似平凡的玩意里获得很多知识，因为运动鞋的内涵极为丰富，其中有着复杂的意蕴层次与各式各样的思想、态度，以及信仰。运动鞋是深奥的，它们绝不仅仅是普普通通的鞋子。一位年轻的收藏家如此表示：

运动鞋真真正正地改变了我的人生，每天睡觉之前我都会提前想好明天穿什么，这样早上起来我就不用浪费时间再去思考了。我会提前看好第二天的天气，如果第二天下雨，那么我就不会穿白色或者亮色，因为鞋迷绝不会穿着好鞋在雨里糟蹋。对我们来说雨天真是太糟了，如果你还想卖掉这双鞋，那就不要在雨天穿它。我们会尽可能让它保持崭新如初。

2014 年 12 月，我在纽奥州参加运动鞋潮流展（SneakerCon）时曾亲身见识到了这一点，那天一整天都是倾盆大雨，我看到两个爱好者把塑料袋套在鞋上来防止它们被弄湿。排队等候进入会展中心的一个男孩说：

> 对鞋迷来说这天气可太糟糕了。这么重要的盛会上你肯定会想穿自己最棒的鞋跟朋友们炫耀一下，但是你也不想被这破雨把鞋给糟蹋了。

蓝色丹宁布的牛仔裤也会弄脏运动鞋。一位收藏家向我讲解了要如何保护它们：

> 你要在牛仔裤角粘上一圈胶带，因为有时候蓝色丹宁布会掉色而染到运动鞋上。你肯定不想这发生在你最喜欢的白鞋上。所以如果牛仔裤盖到了脚面上的话，你应该再多粘一圈胶带盖住裤脚。

对很多运动鞋爱好者来说，他们的生活就围绕着运动鞋进行，他们以鞋为生。他们为了运动鞋而工作，会花很多钱在上面，并且每天都花很多时间在手机上翻阅运动鞋相关的资讯。一个鞋店的店员这么说：

> 人们总说一个人应该以自己的爱好为生，并跟随自己内心真正的激情，难道不是吗？运动鞋从我在读语言学校的时候就是我最大的热情所在，毫无疑问我的职业规划就是围绕着运动鞋进行的。我最开始在一个鞋店的仓库里工作，这样我可以学到很多很多到店运动鞋的相关知识，然后我又被调到了店里当销售。我的所有收入都用来买鞋了，这些鞋就像我的孩子一样。

我不会假装自己是一个知道每双鞋的名字、历史、背景故事、生产过程，以及发布状况的运动鞋专家。我会把这个称号给予那些被称为运动鞋鉴赏家或设计师的人，比如博比托·加西亚（Bobbito Garcia）和罗尼·菲格（Ronnie Fieg）、杰夫·斯泰普（Jeff Staple）、杰夫·哈里斯（Jeff Harris）、尤金·坎（Eugene Kan）、皮特·佛瑞斯特（Pete Forester）、吴宇明等人。[1]与他们和许多其他运动鞋爱好者、收藏家的接触进一步激发了我对于运动鞋在社会学领域的研究上的好奇心，当我愈发了解他们的个人故事、激情和经历，我就愈发对运动鞋的世界以及帮助令人着迷的运动鞋亚文化发展壮大的运动鞋产业感兴趣。我向我的读者们保证，在读完这本书之后，你们对运动鞋的看法将永远改变，就像我自己在研究的过程中得到的改变一样。[2]

社会学背景之下的运动鞋和年轻亚文化

　　C. 怀特·米尔斯（C. Wright Mills）的《社会学想象》（*Sociological Imagination*，1959）使我们得以窥见广阔的社会学图景之下的个体生活，这本著作中的内容不但同时囊括了历史背景与个人传记，还包含在社会环境之下两者之间那些能够同时被从宏观和微观角度来进行分析的相互关系。正如米尔斯所解释的那样，无论是个体生活还是社会历史都无法孤立地被理解，无论是哪一种社会学研究，最后都必然要回归到个体、回归到历史，回归到个体与历史那些意义非凡的交集之上。学界还未曾像米尔斯所说的那样去对运动鞋进行解读，所以我们对运动鞋的关注可以从鞋迷主观的、个人化的视角转向更为广泛的社会背景之下的运动鞋社群，这些对象无疑是更加客观也更加系统的。多年以来随着运动鞋产业和技术的不断发展，以及作为鞋迷的个体之间的频繁交流，关于运动鞋的关系网络其结构正在变得愈发清晰稳固。

因此，我将运动鞋置于社会学研究的框架之内，着重分析那些将运动鞋塑造成一种背离主流社会的亚文化的鞋迷群体与收藏者。我认为运动鞋不仅仅是一种物质对象，也是一种非物质对象，两者不可分割地联系在一起，塑造出了关于这种实体的心理概念。

此外，本书也填补了鞋类研究的空白。纵观历史，鞋子一直是服装之中至关重要的一部分，从保护足部不受外部环境伤害这一基本功能出发，鞋子也逐渐具有了许多其他用途。世界各地不同的文化之中有着各种各样的鞋履造型和设计，但当代男性的鞋履却很少受到关注，布里渥的《塑造男性气质：男性鞋履与现代性》（2011: 206-223）是为数不多的研究之一。当代男鞋似乎不像女鞋那样具有多种多样的审美功能以及性心理意义，研究者以及大众对它们的关注也比较少，对运动鞋的正经关注就更少了。人们倾向于从实用性的角度去考量运动鞋，大部分时候它们都是在运动时候才穿的，似乎也不具备什么其他社会属性。

我的研究不是简单地去解释运动鞋这个现象，而是将运动鞋看作一个蕴含着大量意义的社会对象。像运动鞋这样一个实用的文化物件反映着当今社会的诸多不同面孔，具有丰富的蕴含和象征意义。所以在本书中，我对社会建构的运动鞋价值转变、鞋迷与主流球鞋厂商之间的宏观及微观联系，以及运动鞋这样一个物件如何成为时尚对象等问题都进行了相关的研究。

本书对于运动鞋的研究也是对我之前关于日本青年亚文化及其风格

表现的社会学研究的一个延伸（川村由仁夜 2012）。青年亚文化对于我们这些感兴趣于独特外观的学者来说相当有意思，这些人的穿着和行为非常特立独行、叛离传统。我曾将我的想法与安吉拉·麦克罗比（Angela McRobbie）分享，她曾如此解释她对亚文化的关注：

> 我对亚文化感兴趣的原因有两个：第一，在我看来，它们似乎总是会出现在我眼前，比如流行的审美潮流，比如"星座"……第二，在某种程度上，这些亚文化似乎有改变年轻人生活方向的能力，或者至少通过体现出一些年轻人们能感觉到但却尚未表达出来的意图或愿望来吸引他们的注意力。亚文化是一种美学运动，从定义上讲，其基础是"流行"，因为亚文化来自大众媒介。欣赏"性手枪"乐队(Sex Pistols) 的音乐或者识别出薇薇安·维斯特伍德 (Vivienne Westwood) 的时尚风格并不需要很懂先锋派艺术或者超现实主义，这些知识（流行乐或者时尚形象）相对来说比较容易获得，这和殿堂之中的高雅艺术或经典文学非常不同。(McRobbie1991:15)

通过青年亚文化群体的服装和行为形式，我们能了解到很多关于他们的世界观以及意识形态上的东西。很多关于他们的社会性信息经常通过服装传递出来，因为时尚是一种非语言的交流方式。通过他们的衣着方式，我们能读取到大量的潜在信息，有时候穿着者自己甚至都没有意识到他们那些无意间传递出来的隐藏信息所带来的影响。

几年前我在课上讲到亚文化理论时，曾有一名学生问我："运动鞋圈子也是亚文化的一种吗？"那是我第一次听说运动鞋亚文化。之后她向我推荐了一部名为《只为好玩》（*Just for kicks*，2005）的纪录片，其导演为蒂鲍特·朗维尔（Thibaut de Longeville）和莉莎·利昂（Lisa Leone），对运动鞋爱好者来说这是一部必看的影片。这部片子很好地反映了当时纽约运动鞋圈的情形，以及最初的球鞋亚文化是如何作为一种地下社群以及嘻哈文化的一部分而诞生的。这部影片立刻引起了我的兴趣，在此之前和很多其他人一样，我只把运动鞋当成一种便装和运动用品。当我得知鞋迷社群的存在时，这个群体深深地吸引了我，我非常希望能了解更多关于他们的东西。在这部纪录片面世之后，鞋迷社群的规模急剧地扩大，这也引起了诸如路易威登、纪梵希、香奈儿等时尚大牌的关注，这些大品牌如今也会发售一些昂贵的运动鞋。

作为社会学家，我们希望从亚文化之中能够发现某些既定模式，并回答一些关于亚文化的一般理论问题，我们试图将运动鞋这样一个亚文化群体置于一个更大的理论框架中，查验其在社会之中的独特地位。亚文化通常被视为一种非主流或者反主流，其代表了某个群体的独特价值观和行为规范，并被认为是离经叛道、偏离传统的。在本书中，我研究了运动鞋亚文化群体与其他已被进行过社会学分析的亚文化之间的共性与特性。

作为族内人 / 外来者的亚文化人种学研究

在青年与亚文化研究中，研究人员与研究对象之间的身份问题一直存在。就像罗达·麦克雷（Rhoda MacRae）在其《青年研究中的"族内人"和"外来者"问题》（*"Insider" and "Outsider" Issues in Youth Research*）一文中指出：

> 随着个体身份具有多样性的观点在社会学中被广泛认可，青年
> 的研究者等也开始重新思考族内人和外来者的区别……研究本身的
> 所处立场与被研究群体的关系在性质上一直是定性研究的经典困境，
> 尤其是在关注文化形态的民族志研究之中，民族志的研究也为社会
> 学研究之中不少关于族内人和外来者所处何如的讨论提供了语境。自
> 韦伯（Weber）提出"同情理解"（verstehen）一词以来，研究者与被研
> 究者在社会和文化上的接近性或者说距离一直都是人们非常感兴趣
> 的问题。（MacRae 2007:51—52）

无论是从族内人还是从外来者的角度去进行相关研究其都将各有
其利弊。麦克雷（2007:53-56）提出了三种研究方法：从外来者向内
（outsider-in），从外来者向外（outsider-out），以及从族内人向内（insider-
in）。从外来者向内的研究方法使研究者可以通过从陌生人的角度去观察
和了解群体的生活状态，从外来者向外的研究方法则较少对研究主体进
行实证性的关注，且与研究主体较少、甚至没有直接的互动（MacRae
2007:53-54），而族内人向内的研究视角一般为身为本族的研究者所采用，
不少从多个维度去研究青年亚文化的学者都曾在某个时间段里作为所
研究亚文化其群体内部的一分子。（Bennett and Hodkinson 2012; Haenfler
2006, 2009, 2014; Hodkinson 2002; Muggleton 2000）。举例来说，霍德金斯
（2002）曾深入研究过在英国盛行多年的哥特亚文化，作为哥特族中的一
员，他非常熟知哥特文化的穿搭风格、音乐品味以及喜爱看哪些小说。

但同时他也解释了在哥特亚文化之中，他自己作为主观热爱强烈的发烧友以及作为需要保持客观视角的研究者的复杂身份：

> 从某种角度来看，实际上我的圈内人地位还得到了提升，因为这个研究项目是围绕着英国各地的哥特俱乐部、演唱会及音乐节活动而开展的……参与讨论小组和其他哥特网络组织拓宽了我在英国哥特圈的研究范围，而这也是我在美国以外很有限的信息出处。无论是在线下还是线上，我的实际参与都大大提高了找到相关联系人、采访对象和信息这个过程的效率。参与俱乐部活动——跳舞、向 DJ 们点歌、与他人社交——使得我在与研究对象见面、安排采访、拍照以及获得建议时比平时要容易得多。(Hodkinson 2002,5)

尽管社会科学研究强调客观，但毕竟选择一个合适的主题、花费数年实践研究并撰写相关文章需要花费大量的时间、金钱以及热情。因此一些人决定选择他们最为熟悉或者参与最深的某些主题去研究也就不足为奇了。马格尔顿就将韦伯对于意义的解释应用到了他对于亚文化现象的研究之中，他强调主观的重要性以及影响到个体所创造意义的社会性因素的作用。马格尔顿如此写道：

> 一个韦伯式的亚文化研究必须建立在亚文化主义者们所主观认同的意义、价值取向以及信仰的解释之上。这是韦伯"同情理解"(verstehen) 研究范式的基础，正如 verstehen 一词的字面翻译"具有人性的理解"(human understanding) 一样……因此我们必须重视亚文化

者的主观意义，因为这些主观意义提供了他们所行所为的动机缘由。
这些也使得在关于社会现象的研究之中，主观维度成了至关重要的
考量因素之一。(Muggleton 2000:10)

我在对运动鞋的研究之中充当了"从外来者向外"以及"从外来者
向内"这两个角色。我得承认，这个研究于我而言在某种程度上是个挑
战，因为我是一名女性，而运动鞋爱好者往往都是男孩儿和男青年。但
正如专业研究者们众所周知的，有时候作为一个外来者反而是一种优
势，因为对于研究对象而言，我是一个旁观者或者说陌生人，而这也恰
恰正是为何我能发现鞋迷究竟有何不同，以及与主流社会的差异何在。
作为外来者的个体可以具身体验"族内人"是如何对待外来者的，我个
人并没有和这些鞋迷们一样对运动鞋有着狂热的嗜好，也不遵守他们的
一些习惯规矩，而这些研究对象也总是会认为我没有接受他们那些"亚
文化知识"(Thornton 1995)。在考察运动鞋以及与鞋迷这个亚文化群体
交流的时候，我是完全持着客观的态度的，对于他们穿在脚上的各式运
动鞋，我并没有任何个人的评价，虽然我知道这些不同鞋款意义是完全
不同的。为了融入他们之中，我也在我的球鞋上弄了一个泰迪熊图案，
很多鞋迷会把它认作杰里米·斯科特（Jeremy Scott）为阿迪达斯设计的
那双限量款。

本书之中的实证性考察都是实地进行的。我和运动鞋设计师、收藏
家、作家以及售卖或廉价或者昂贵款式的各种鞋贩们都曾经进行过交
流，也去过不少运动鞋相关的场合，诸如参加球鞋展会，或者去逛纽
约、伦敦以及东京的鞋店（但本书主要是关于纽约），等等。我还订阅了

序言：
社会学之中的运动鞋

不少运动鞋相关的推特、INS 和博客，也浏览过不少发布运动鞋相关新闻和买卖信息以及拍卖的网站。

运动鞋的产业背景

我们每个人的鞋柜里都至少有过一双运动鞋，但我们大都不怎么太在意它，因为运动鞋在鞋类之中地位从来都不是很高。与象征着权力和社会地位的高跟鞋不同（如第一章所提到），运动鞋平坦的鞋底一般用橡胶这类价格便宜、易于成型的材料制成，注重舒适和功能。同时，运动鞋没有任何色情的吸引力，也从未被当作一种恋物对象，我们只把它当作是穿在脚上的一个普通物件而已。然而，无论我们多么着迷于女式高跟鞋，其收藏者的群体却始终不足以创造出属于高跟鞋自己的亚文化；也没有一个紧密的社群能够进行高跟鞋交易，同时也没有多少人会在限量版发售前在鞋店的门口扎营露宿等待。没有哪种鞋类产品能像运动鞋一样把爱好者们如此紧密地联系、聚集在一起，把纽约甚至全世界的鞋迷都联结在一起。运动鞋的世界正逐渐变得愈发有组织，有相关新闻、博客、推特、INS 定期发布运动鞋资讯，还有专门的运动鞋商店、运动鞋出版物以及网站等，所有这些都为爱好者们提供了聚集和流动的空间。

范德比尔特（Vanderbilt 1998:2）曾写道："叫运动鞋也好，叫球鞋也罢，这种由聚合物、塑料、皮革和鞋带制成的轻便玩意，它的意义可绝不仅仅是一双鞋。"一些名人在特别的场合也会穿运动鞋：米克·贾格尔（Mick Jagger）结婚时穿着运动鞋；伍迪·艾伦陪同第一夫人贝蒂·福特（Betty Ford）去看芭蕾时也穿着运动鞋；杰基·奥纳西斯（Jackie Onasis）

和米奇·鲁尼（Mickey Rooney）都爱穿欧洲产的运动鞋品牌（Zimmerman 1978:7）。就在最近，《纽约时报》上的一篇文章（Blumenthal 2015：E3）写道："随着周四时装周开幕，街头将充满各种抓人眼球的新潮风格，但是我们估计其中穿'恨天高'的不会那么多，现在流行的是运动鞋。"以前参加时装周的大咖们总是穿着装饰浮华的高跟鞋，但这正在改变，过去在时尚界身份边缘的运动鞋如今成了舞台的主角。

商业报刊时常会定期报道运动鞋产业咨询，因为运动鞋是时尚行业的一个重要的组成部分。根据美国国家鞋类零售协会（National Shoe Retailers Association）的相关数据，鞋产业 2014 年的行业总收入为 480 亿美元，其中美国消费者就贡献了近 200 亿美元。[3] 在所有鞋履品类之中，男士运动鞋的市场占有率是最高的，达到了 20%，其次是女士休闲鞋（17%）和女士正装鞋（13%）。（见图表 1）

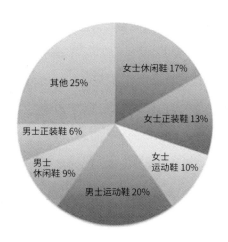

图表 1：鞋类市场占有率（2014）

随着人们的生活方式和衣着习惯愈发变得休闲，在运动之外人们穿着运动鞋的机会和场合也越来越多。主流的运动鞋厂商包括耐克（Nike）、阿迪达斯（adidas）、彪马（Puma）、新百伦（New Balance）、匡威（Converse）、锐步（Reebok）、斐乐（Fila）、万斯（Vans），以及柯迪斯（Keds）等，他们每一家公司都有着辉煌悠久的历史背景，所生产的运动鞋在鞋史上都曾留下过不可磨灭的印记。

20 世纪早期，柯迪斯和匡威开始给运动员们生产专门的鞋款，这为运动鞋产业的诞生奠定了最初的基础，直到 20 世纪 50 年代中期，匡威的全明星系列（All Star）一直是运动鞋中的旗舰头牌。虽然后来匡威逐渐失去了其领先的市场地位，2003 年被耐克所收购，但"全明星"系列仍然和李维斯（Levi's）的牛仔裤、蒂芙尼（Tiffany）的珍珠、巴宝莉（Burberry）的风衣以及鳄鱼（LaCoste）的衬衫并列，被认为是改变时尚历史的标志性的产品之一（Rocca 2013:94-99）。新百伦以制作足弓垫起家，直到 1960 年才开始造运动鞋，这个牌子的运动鞋有各种尺码可选择。锐步最开始叫博尔顿（Boulton），早在 1890 年这个牌子在英国以跑鞋起家，这在当时是非常新潮的。万斯由保罗·范·多伦（Paul Van Doren）创办于 1966 年，其运动鞋鞋底厚实耐用，使得这个牌子在滑板圈里非常受欢迎。还有亚瑟士（Asics），一家原名鬼冢（Onitsuka）的日本运动鞋企业，早在 1963 年其就和耐克有生意往来，当时耐克创始人菲尔·奈特（Phil Knight）曾到日本去并决定把这个牌子出口到美国代理销售。（见表 1）[4]

表 1　按诞生年代及国家划分的主要球鞋厂商

成立时间	国别	公司名称
1890	UK	Boulton（later changed to Reebok）
1906	USA	New Balance（started making sneakers in the 1960s）
1908	USA	Converse（acquired by Nike in 2003）
1917	USA	Keds
1924	Germany	Gebrüder-Dassler Schuhfabrik（split into Puma and adidas）
1946	Germany	adidas
1948	Germany	Puma
1949	Japan	Asics（formerly called Onitsuka）
1958	UK	Reebok（formerly called Boulton; acquired by adidas in 2005）
1963	USA	Blue Ribbon Sports（later changed to Nike）
1966	USA	Vans
1972	USA	Nike

　　目前的运动鞋行业有三家主要公司：耐克、阿迪达斯和彪马，耐克一直是其中规模最大的。根据 statista 网站的相关数据，2014 年耐克的总收入为 162 亿美元，其后是阿迪达斯 81 亿美元、彪马 15.6 亿美元。从我在纽约的实地考察的情况来说，也的确是耐克的运动鞋最受欢迎。本书的照片大部分是我在街头、商店和运动鞋集会上随手拍摄的，拍摄的对象大多也是耐克的运动鞋，比如乔丹系列（Air Jordan）或勒布朗·詹姆斯系列（Lebron James）。

在耐克 2014 年全年的运动鞋收入中，有 75 亿美元贡献自北美市场，33 亿美元来自西欧，还有 26 亿美元来自墨西哥或巴西等新兴市场。最初，来自俄勒冈大学田径队的菲尔·奈特与其教练比尔·鲍尔曼（Bill Bowerman）一起创立了耐克，当时这家公司还叫"蓝带体育"（Blue Ribbon Sports）。经过从日本代理运动鞋之后的一段时间，他们于 1972 年开始制造自己的运动鞋，并将公司名称改为了耐克（Nike）。到 20 世纪 70 年代末，他们开始为田径以外的其他运动项目生产运动鞋，并积极将业务扩展到其他领域。耐克不仅是最年轻的运动鞋公司之一，也是行业之中规模最大的，自 1980 年成为上市公司以来，耐克一直是运动鞋行业的领导者。

紧随耐克之后的是阿迪达斯，其运动鞋业务在 2014 年卖出了 2.58 亿双球鞋，销售收入 81 亿美元。他们最大的市场是新兴的东欧市场，占净销售额的 38%。相比于耐克和阿迪达斯，彪马的销售额增长自 2006 年以来一直很稳定，其中鞋类是他们最赚钱的细分市场，2014 年营收达 12 亿美元，其次是服装。

彪马和阿迪达斯的故事在很大程度上反映了这个行业竞争激烈的本质。1920 年，一对德国兄弟阿道夫·达斯勒和鲁道夫·达斯勒，创办了他们的公司达斯勒兄弟制鞋厂（Gebrüder-Dassler Schuhfabrik）并制作了他们的第一双运动鞋。1936 年，杰西·欧文斯（Jesse Owens）穿着达斯勒兄弟的鞋赢得奥运会冠军，这使得他们声名大噪。然而，兄弟不和使得公司最终分裂，1946 年，阿道夫·达斯勒创办了他自己的公司阿迪达斯，其主要的 logo 是三道杠以及三叶草标志。阿迪达斯的 superstar 系列于 1969 年作为篮球鞋被引入美国，人们称之为"贝壳头"，这也是阿迪达斯最为经典和畅销的款式之一。

　　1948 年，鲁道夫在镇子的另一头也开了一家名为彪马的鞋店。在 20 世纪五六十年代，彪马持续赞助了不少奥运选手，这给他们带来了不小的声誉。1952 年，卢森堡的约瑟夫·巴特尔（Josef Barthel）穿着彪马赢得了赫尔辛基奥运会 1500 米金牌，美国田径明星汤米·史密斯（Tommie Smith）在 200 米夺冠后的颁奖台上举拳做出了支持黑人维权运动的手势，并在走下颁奖台时他把他的彪马鞋留在了台上。虽然汤米·史密斯和他的队友因为此举遭到了驱逐，但也为彪马的麂皮系列（Puma suedes）这一后来长盛不衰的鞋款带来了巨大的媒体关注。到 1968 年，彪马开始使用美洲豹作为其 logo 图案。

　　运动鞋厂商们持续不断地推出新的鞋款来推动维持球鞋亚文化的兴盛。他们意识到那些渴望炫酷的年轻人群体有着巨大的市场。在随后的章节之中，我研究了从 20 世纪 70 年代到如今这段时间里运动鞋社群的发展演变历程，其中一个重要的转折点是 20 世纪 80 年代耐克推出乔丹系列。随着运动鞋的商业化推进，其亚文化开始从地下逐渐走入大众的视野（见第二章），对于一些运动鞋铁粉而言这种大众化很是让人失望，但在如今的科技发达的社会环境里，这却是个不可避免的趋势。不仅如此，由于那些追求新款和限量版的鞋迷几乎都是男性，运动鞋亚文化之中的时尚元素与性别问题也持续被发掘探索。运动鞋的爱好者们是最为时尚新潮的一群人，对于"身处潮流"，他们总是那么地迫切和渴求。

序言：
社会学之中的运动鞋

运动鞋与文学

现今已有不少含有运动鞋插图、为鞋迷而作或者是鞋迷写的相关书籍。实际上，尽管从 20 世纪 80 年代开始鞋迷的数量就开始不断增加，但直到 90 年代末第一本关于运动鞋的出版物才问世。关于当代运动鞋现象第一本综合性非学术书籍可能是汤姆·范德比尔特（Tom Vanderbilt）的《运动鞋手册：产业面貌与画像剖析》（*The Sneaker Book: Anatomy of an Industry and an Icon*，1998），这本书讲述了关于运动鞋的历史、主要的运动鞋制造商的背景和营销策略，以及围绕运动鞋发展的社会环境等。在此之后，还有 2003 年运动鞋亚文化之父波比托·加西亚（Bobbito Garcia）的著作《你从哪弄来的？纽约的运动鞋文化:1960-1987》（*Where'd You Get Those? New York City's Sneaker Culture: 1960– 1987*）追溯了 20 世纪 60 年代以来的运动鞋历史，在那时运动鞋收藏还属于地下小众爱好。这本书以加西亚本人的第一人称视角讲述了其个人的运动鞋收藏生涯以及对鞋的深深依恋。

在加西亚的著作出版之后，越来越多专门针对运动鞋的出版物面世，这也是鞋迷和收藏家共同努力的结果。非正统风格（Unorthodox Style）出版了两本著作《运动鞋收藏指南大全》（*The Complete Collector's Guide*，2005）和《球鞋：完全限定版指南》（*Sneakers: The Complete Limited Editions Guide*，2014）。著名运动鞋鉴赏家尼尔·哈特（Neal Heard）出版了一系列相关著作：《训练鞋》（*The Trainers*，2003）、《运动鞋》（*Sneakers*，2005），《运动鞋（特别限量版）：超过三百款从复古到最新设计》（*Sneakers*，*Special Limited Edition: Over 300 Classics from Rare*

Vintage to the Latest Designs，2009)，以及《运动鞋名人堂：空前受欢迎的鞋类品牌》(*The Sneaker Hall of Fame: All-Time Favorite Footwear Brands*，2012)。他在这些书里详细地介绍了耐克、匡威、斐乐、新百伦、彪马，以及其他一些运动鞋品牌的情况。

本·奥斯本 (Ben Osborne) 是一本流行篮球杂志的编辑，他曾出版过《灌篮：改变篮球历史的球鞋》(*SLAM Kicks: Basketball Sneakers that Changed the Game*，Osborne 2014)。平面设计工作室 Intercity 曾出版过《艺术与鞋底：当代运动鞋艺术与设计》(*Art & Sole: Contemporary Sneaker Art & Design*，2012)，这是一家专注于当代前沿运动鞋设计的平面工作室，他们关注的领域包括探索运动鞋文化前沿设计，展示球鞋文化的创意性主题等。这些出版物都是由运动鞋专家和鉴赏家为爱好者和收藏家们所写的，不具备什么学术性质，这也表明运动鞋作为学术研究的一个主题来说是处于被忽视的状态的，尽管其具有复杂而有力的社会文化意义。

《鞋子：从凉鞋到运动鞋的历史》(*Shoes: A History from Sandals to Sneakers*，2011)由瑞洛 (Riello) 和麦克尼尔 (McNeil) 编纂，这是第一本汇编了学者们专门撰写的关于鞋的学术文章的著作。书中追溯了西方和东方的鞋类文化史，并尝试将鞋置于几个世纪的漫长历史语境之中考察。这本书激发了美国的时尚学者们对这个新研究领域进行进一步的探索。书中艾莉森·吉尔 (Allison Gill, 2011:372–385) 的《脚的豪华座驾：运动鞋的修辞》(*Limousine for the Foot:the Rhetoric of Sneakers*) 一文提及了运动鞋产业，其中谈到在打造顶级运动鞋时所使用技术的进步，但文中没有提及性别、亚文化或者时尚等主题。吉尔的研究专注于运动鞋的生产和生产者，而我的研究主要关注运动鞋的消费方面。我的研究目标是从社会学角度对运动鞋进行概念化的阐述。

本书大纲

本书分为六个章节。第一章的内容是对鞋类研究进行介绍，该章节将会对鞋类从历史、社会学、政治宗教等角度进行宏观的解读。该章节回顾了过去以及最近一段时间内学界对鞋类的研究成果，虽然对于时尚和服装的研究大部分是针对服装，但其中一些比较优秀的文章也对某些鞋类进行了解读分析，包括意大利厚底鞋（chopines）和日式的木屐（geta）、草履（zori）等。从这些研究之中我们能看到，鞋类所具备的功能绝不仅仅只有实用性而已。

在第二至第四章中，除了一些实证性调研以外，我还考察了运动鞋的相关理论研究，主要是以下三个角度：亚文化、性别以及时尚，通过运用各种相关理论，来进一步探索和考察运动鞋的流行原因和现象本质。在研究之前我提出了一些问题：为什么我们可以把运动鞋社群称为亚文化？这些人为什么收集运动鞋？和其他人相比，他们的亚文化有什么不同之处？运动鞋亚文化的出现对于更为宽泛的整个社会而言意味着什么？他们的价值观和规范与他人有何不同？为什么这种文化是男性主导的？他们的男性霸权（hegemonic masculinity）是如何维持和再生产的？相关产业是如何参与到亚文化的维系之中的？它们互相之间又能从彼此身上获得什么？

在第二章中，亚文化和后亚文化理论可以应用于对运动鞋迷的研究之中，其解读了这群男孩和年轻人为何以及如何在纽约市塑造出一种亚文化，导致亚文化快速形成的相关社会与经济背景。在第三章中，我将鞋子视为一种性别化的物品。在历史上，鞋子在男性和女性之间有着明确的界限划分，即便时至今日也交集甚少，仍然是一种性别化区分明显的服装组件。大量的研究都集中于女性的鞋子和脚上，将鞋子作为一种恋物癖的对象。此外，该章节还讨论了男性在运动鞋亚文化中的主导地位，以及他们如何通过面对面和虚拟网络进行竞争，同时也互相联结的。第四章关注于运动鞋被各种机构主体所商业化了的时尚成分，并解释一个如运动鞋这般平凡的消费产品是如何被转变为时尚的一部分的。第五章运用埃米尔·涂尔干（Emile Durkheim，也译作杜尔凯姆）的各种理论框架对运动鞋亚文化进行了分析。最后，结语一章探讨了对运动鞋和其他鞋子，以及其他领域（如裸足、脚踝）进行进一步学术研究的方向展望和建议。

在各种出版物、文章和引用之中，对"运动鞋"（sneakers）一词有着各种不同的术语称呼，如训练鞋（trainers）、跑步鞋（running shoes）、网球鞋（tennis shoes）、帆布鞋（plimsolls）、田径鞋（track shoes）、跑鞋（runners）、一脚蹬（kicks）和篮球鞋（les baskets），但在本书中，除了引用特定词汇以外，我将只使用"运动鞋"（sneakers）一词展开论述。

第一章

鞋类相关学术研究

Academic Research on Footwear

　　在深入对运动鞋进行研究之前，我想先回顾一些有关的历史研究和当下鞋类比较重要的研究，看看这些研究是否能够与我的研究相结合。鞋类属于时尚和服装研究中的分支领域之一，而运动鞋的学术研究则属于鞋类研究的新进展方向。从这些研究之中我们可以了解到，作为一个研究课题，鞋子在过去以及现在是如何被考察和分析的；学者们所选择和关注的鞋品类型是什么；未来鞋类研究的潜在方向在哪里；鞋类研究与其他的服饰及时尚物件研究区别何在（如果有的话）；在当下的鞋类研究之中，我们的缺失之处又在哪里。

　　雷诺士解释道，直到当下，鞋子都一直被认为是服饰配件里的一个边缘品种。哪怕是在博物馆中，20 世纪的大部分时间中鞋子都被认为是服饰中可有可无的一部分（Riello 2006: 1），相比于服装，鞋类在时尚和服装研究中扮演的是一个边缘的角色。本书试图去研究分析和阐述运动鞋这种特殊的鞋类，在纽约乃至世界各地，运动鞋在当下属于男性青年的时尚舞台之上都正扮演着重要的角色。

时至今日，个体所扮演的角色与他／她的服装之间的复杂关系显著地体现在鞋上。人们会根据不同的身份角色而换穿不同的鞋，特定款式的鞋子被设计出来用于不同的日常活动，如旅行、上学或工作、运动、社交场合或宗教活动等。类似地，这些鞋的风格也因个体的性别、年龄、地位、价值观、季节和地理位置而异。

无论是我们着于身上的衣服还是穿在脚上的鞋子，都是打扮、装饰和美化我们身体的一种方式，所以我们可以像剖析衣服那样去剖析鞋子。英格丽德·布伦宁迈耶（Ingrid Brenninkmeyer）在《时尚社会学》（*Sociology of Fashion*，1963）一书中讨论了服装的三种功能：防护身体、体现得体（modesty）和装饰功能。这三种功能里最为突出和实际的是服装的防护功能，服装覆盖着我们的身体，保护我们免受周遭环境的伤害，也能起到御寒和避热的作用。体现得体是服装另外一个实用功能，在西方，得体或不得体与赤裸密切相关，如果个体赤裸身躯、衣不遮体即为不得体，反之若穿戴整齐则是得体。得体的定义因文化而异，在一些地方，赤裸身体并不被认为是一种尴尬羞耻的举止，但也会相应有其他一些行为或状况会被公认为是羞耻的。

在这三种功能之中，服装的装饰功能是最广为人知的，装饰是一种社会性观念，因为人们打扮自己是希望被外界所看到，服装装饰关乎的是个体的自我展示。一般当我们独处的时候，往往不太会精心梳妆打扮或者刻意地去修饰身体，但出门的时候，我们往往会精心地穿搭、化妆、戴隐形眼镜、喷香水、梳头、穿上好看的鞋子，因为我们知道擦肩而过的路人是会注意到我们的。布伦宁迈耶所谈论的内容主要是关于身上的服饰的，但这些内容也同样适用于鞋。正如沃尔福德（Walford 2007：9）所言："鞋子是为了保护我们免受自然环境伤害而发明出来的生活必需品。然而几个世纪以来，在几乎每一种文化之中，鞋的形式都有很大的不同，这说明鞋的作用远不只是保护身体。在西方世界之中，鞋履绝对是时尚的基础元素。"沃尔福德强调了鞋子的装饰功能，也就是我们所称的"时尚"，即通过对身体和足部的修饰来为个体赋予额外的价值。鞋所拥有的绝不仅仅只是实用功能，这一点我们将在各种不同鞋类的学术研究中看到。

　　本章对鞋类的学术研究进行了整体的考察，对鞋的不同类别划分及所具有的不同社会文化意义进行了深入理解。本章还对鞋类的历史进行了追溯，从而分析人类为何以及何时开始在脚上穿戴东西，并探讨在不同历史时期的不同文化背景下鞋类所象征的意义。通过回顾鞋类研究相关文献，我们得以对鞋类的某些概念分析是否能够应用到之后的运动鞋研究中进行考量。这将有助于我们进一步了解运动鞋，同时也对思考要将运动鞋这一概念置于何处大有裨益。

鞋的社会文化意义

　　长久以来，人类一直都会穿着某种形式的鞋子来覆裹足部。虽然关于是谁发明了第一双鞋，为何或者在哪里发明了第一双鞋的各种说法数不胜数，但人们穿着鞋履的主要原因却是确定无疑的，即为了保护脚免受充满未知和危险的自然环境的伤害。同衣服一样，鞋子是出于需要而被发明出来的。举例来说，19世纪的美国水手鞋是由麻绳（hemp cord）制成的，因为麻绳在潮湿的情况下也能提供摩擦力，美国的军人也会配备双层橡胶壁的保暖靴来保护双脚免受极寒的伤害（McIver 1994）。除此以外，鞋还传达了我们是谁，我们以什么为生，我们如何思考等信息。在那个时代，奴隶和下层社会都是光着脚的，只有那些有权有势者才会穿鞋。正如麦克尼尔和雷诺士在文章《长途漫步：鞋子、人与地点》（*A Long Walk: Shoes, People and Place*，2011b: 12）中所说的那样："关于鞋子的存在与否在历史上有诸多相关记载……直到当下，即便在相对富庶的西方世界，缺少鞋子也能反映出一个人生活是困顿潦倒的，混到鞋都没得穿的地步意味着这个人的生活已经毫无希望了。"

非西方文化中情况也是近似的。金-纽鲍尔（Jain-Neubauer）指出，直到半个世纪前，在印度大部分的农村地区赤脚都是极为普遍的，因此说印度是一个"赤脚国家"并不夸张。不过，那些印度的贵族们却在早在公元初的几个世纪就已有穿鞋的习惯了（2000:13）。

正如埃德娜·纳珊（Edna Nahshon）在她的文章《犹太人和鞋子》（Jews and Shoes，2008:15）中所写的那样："鞋子是个体人格的换喻，通过穿鞋的选择和强迫性使用使鞋子成为一种身份的标志。"一双鞋能传递出个体年龄、性别、职业、经济和社会地位、宗教和思想立场以及个人特征等非常丰富的信息。同样，苏·布伦德尔（SueBlundell）在《闪耀的足下：古典希腊时代的鞋与凉鞋》（*Beneath Their Shining Feet: Shoes and Sandals in Classical Greece*）一书中追溯了古典希腊时期的鞋履历史，她解释道，尽管许多古希腊绘画和雕塑之中所描绘的人物是不着鞋履的，但穿鞋却是彼时着装的标准规范，甚至早在远古希腊时代就已如此（2011）。到了罗马时代，鞋子的功能开始超越实用性的范畴：诗人把它们写进诗歌来纪念，恋人们如珍视所爱之人的发绺一般珍视他们的鞋子（McIver 1994: 6）。在印度次大陆，最早的穿鞋案例是一种木质凉鞋，大约出现于公元前 200 年（Jain-Neubauer2000: 9）。鞋类绝不是现代的发明，而是有着漫长的历史。

　　我们可以将对过去和当代鞋类的不同学术研究置于时尚和服装的研究之中，通过探索鞋类的社会文化意义和宗教内涵，去理解鞋是如何被历史学、文化人类学和社会学学者所认识的。鞋类在学术研究之中处于被忽视的地位，因为其似乎在时尚和服装之中扮演着次要的角色。我在本书中考察了一些附着在不同类型鞋履上的社会学要素，检验这些要素是否可以应用于对运动鞋的研究之中。

时尚与服装研究之中的鞋类

　　我们经常会想当然地认为，时尚和服饰更多关乎于衣服本身，而与和服装相得益彰的其他配饰关系不大。我们身上的其他配饰物品之所以不那么重要，是因为在社会性上它们不如衣服重要。实际上服饰不仅仅只包括衣服，它包含了我们穿戴于身上的一切东西。乔安妮·艾奇（Joanne Eicher）（2008）等将服饰定义为一种涉及我们所有五种感官触觉、视觉、听觉、嗅觉和味觉运用的东西。"穿戴"不仅仅是把衣服穿到身上：

我们将服饰视为一种产品，一种将人类与其他动物区分开来的过程。作为一种产品，许多服饰中所涉及的部分都是人类创造力和科学技术的成果。而作为一个过程，穿着服饰去打扮身体意味着为了满足身体的需要以及满足社会和文化对个人外貌的期望而对身体进行修饰与补充的活动。在这个过程里，人的所有五种感官都会被运用到：视觉、触觉、听觉、嗅觉和味觉——不管实践这个过程的个体生在什么样的社会和文化环境之中。（Eicher et al.2008：4）

除了服饰以外，鞋也是人类和动物区别最大之处，一般来说，动物都不会穿鞋。艾奇等作者更喜欢称鞋为"足部包围物"（2008：186），以避免任何特定名词术语带来的种族主义或者欧洲中心主义文化偏见。

第一本专门考察鞋类的书籍《古董鞋类》（De Calceo Antiquo）早在 1667 年就由一位之前当过造裤匠的学者贝诺伊特·博杜因（Benoit Baudouin），以及一位耶稣会士及神学讲师朱利奥·内格罗（Giulio Negrone）用拉丁文共同写成（McNeil and Riello 2011b：12）。相比服装研究，直到最近人们对鞋的兴趣才有所增加，玛格丽特·哈尔德（Margrethe Hald）在她的著作《早期鞋履：基于日德兰半岛鞋类发现的民族学 - 考古学研究》（*Primitive Shoes: An Archaeological-Ethnological Study Based upon Shoe Finds from the Jutland Peninsula*）中分析道，以文物的角度而言，鞋子对研究者的吸引力是不如服装的：

丹麦地区鞋的考古发现数量是相对比较少的，因而值得更多地关注，因为其有助于扩大我们对史前时期丹麦服饰的了解。但必须承认的是，那些破旧的鞋子确实没有什么魅力，没有其他许多保存完一些关于鞋的研究追溯了不同历史时期的鞋类历史。举例来说，威廉·哈布雷肯（William Habraken）著有《世界民族与部落鞋履》（*Tribal and Ethnic Footwear of the World*，2000），该书内有大量插图，讲述了世界各地的鞋履故事。这本书内容参考了作者从 155 个国家收集的 2500 多双私人收藏鞋履，展示了世界不同地区所发现鞋子那些悠久而深刻的历史。类似地，哈尔德的相关鞋类研究（1972）以 1935 年发现的青铜时代的丹麦鞋碎片为研究起点，这些碎片看起来像裹脚带的鞋表明了人们以物覆足的历史可以追溯到如此之久以前。其对于 11 世纪以前鞋类构造发展的研究为我们提供了不同时期、不同地区、不同类型的鞋的结构图解和样貌图案，不过，他的研究中却几乎未曾涉及这些鞋子的社会文化意义。以上这些研究都没有讨论鞋子背后的含义，仅仅是简单地对所研究的鞋类进行了分类描述。

威尔科特斯（Wilcox，1948）从跨文化的角度对鞋类进行了解读，并对西方以外的埃及、中国、韩国以及日本等地的鞋类以及不同历史时期（如中世纪欧洲、文艺复兴时期乃至 20 世纪）的西方鞋类进行了跨文化视角的整体概述。虽然她没有提供案例的论据来源，但对于从全球角度来理解鞋类而言，其研究是一个很好的起点。

很明显，鞋在人类的服装文化之中扮演着重要的角色，我们可以把鞋类研究置于时尚和服装研究之中作为一个子类。和服装一样，鞋子也可以从多学科的角度进行研究分析，朱恩·斯旺（June Swann）写道：

自人类离开了伊甸园之后，鞋对于人类的生活就非常重要了。由于马匹早已不再是我们的主要交通工具，所以鞋也不应该再与肮脏的街道总是联系在一起。鞋子是让人兴奋的物件，它几乎比任何东西都更能揭示人性。尽管迄今为止，鞋的历史还只是服装研究的一个小领域，但那些坚持不懈的研究者终将真正获得丰厚的收获。(2001：10)

随着时尚和服饰相关学术研究的成长和发展，其研究主题的细分变得愈发明晰。鞋类曾经只是服装时尚研究之中的一小部分，但幸运的是，在过去的二三十年里，我们看到了越来越多的关于鞋子的研究，越来越多的学者把鞋子作为他们的主要研究课题。此外，近年来，我们也能看到一些鞋类相关的专门展览和与学术会议。

例如，2015 年 6 月，维多利亚和阿尔伯特博物馆（V&A）在英国举办了一场名为"鞋：愉悦与痛苦"（Shoes: Pleasure and Pain）的展览，其中展出了世界各地的鞋类收藏品。英国纽卡斯尔的大北方博物馆（Great North Museum）举办了一场学术会议"鞋子、拖鞋和凉鞋：古代的脚与鞋履"。纽约布鲁克林博物馆（Brooklyn Museum）也于 2015 年组织了一场名为"决胜足踝：高跟鞋的艺术"（Killer Heels: The Art of The High-Heeled Shoe）的学术会议，会议讨论了高跟鞋的历史及其社会意义。在此之后，巴塔鞋类博物馆（Bata Shoe Museum）于同年 4 月举办了"运动鞋文化的崛起"（The Rise of Sneaker Culture）博览会，这一展览最初于 2013 年开始举办。2013 年，纽约时装学院的博物馆举办了"鞋之迷恋"（shoes obsession）博览会，其中展出了 150 余双当代鞋履。与此同时还有北安普敦大学博物馆（University of Northampton Museum）的鞋展"足上的世界"（the World at Your Feet），该会议在北安普敦大学举行，该学校的博物馆中收藏了来自世界各地的大约 1.2 万种不同鞋子。

脚被看作是人体的一部分，而鞋子则可以被视为穿着衣服的脚来进行研究，就像时尚被视为穿着衣服的身体一样。正如麦克尼尔和雷诺士所说：

> 20 世纪 80 年代以来，后现代主义和极简主义提出了对时尚和身体观察的新视角，这些视角强调时尚支离破碎的本质。那些国际 T 台之上的服装风格已经受到了这些新观念的影响，它们着重于对服装的"解构"，青睐不同寻常和相互冲突的元素组合。并且强调单个"身体部分"或者细节而非整体形象或者身形轮廓的身体概念。(McNeil and Riello 2011b: 21)

此外，我们能看到越来越多时尚和服装研究的学术期刊出现，如瓦莱丽·斯蒂尔（Valerie Steele）担任编辑的《时尚理论》（*Fashion Theory*），由桑迪·布莱克（Sandy Black）和玛丽莲·德隆（Marilyn DeLong）主编的《时尚实践》（*Fashion Practice*），艾玛努拉·莫拉（Emanuela Mora）、阿涅斯·罗卡莫拉（Agnès Rocamora）和保罗·沃隆蒂（Paolo Volonté）共同主编的《国际时尚研究》（*Journal of Fashion Studies*）。其他时尚相关的期刊细分也逐渐更加清晰，如《时尚与美批评研究》（*Critical Studies on Fashion and Beauty*），包含部分时尚主题的《朋克与后朋克》（*Journal of Punk and PostPunk*），以及关于男性时尚的《男性时尚批判研究》（*Critical Studies in Men's Fashion*）等。相信在不久的将来，我们也会迎来专门的鞋类学术期刊。

当学者们在研究中运用共同的理论框架和研究方法时，对研究对象的关注将会更为集中，相应地对其理解也会因此加深。雷诺士对时尚研究的跨学科特性进行了解读（2006:5）："'时尚研究'这个标签的发明是为了将来自不同背景、对服装和时尚感兴趣的学者聚集在一起……最终的目标是将历史、物质文化、文学、社会和经济等诸多学科交融贯通。"

鞋类历史研究

如前所述，鞋类研究通常被纳入主要以服饰为研究对象的时装与服装研究之中，人们普遍认为服装的时尚比鞋的时尚有更为广阔的解读空间，因此单独关注鞋类的学术研究数量比较少，服装和时尚史学家们都是在研究西方服装时捎带讨论到鞋子。虽然说对鞋的专门研究其数量很有限，但这些学者们也在力图挖掘和探索世界各地不同鞋履背后的社会文化意义。鞋的内涵远不仅仅是基础的身体防护功能，麦克尼尔和雷诺士对此解释如下：

> 对脚来说，鞋所起到的不仅仅是简单的包裹或防护作用。鞋这一概念很大程度上还反映了一个人的品味（或对某些东西的不屑）、身份——如国家地区、职业——以及社会地位与性别，这并非由现代性所致。(McNeil and Riello 2011：3)

种种类型、形状和形式不同的鞋可以承载社会文化和宗教象征意义，它们可以在特定的文化背景之下被理解。在西方以及非西方的文化之中，个体之间的社会等级和社会差异可以通过鞋表现出来，特别是在有赤足习俗的文化之中，穿鞋是一种地位的象征。斯旺写道：

> 相比于服装，鞋履时尚的历史研究即使在六十年后的今天仍然还处于起步阶段。很少有国家出版过其本国或地区鞋类的完整历史资料，这使得对鞋类差异的比较研究变得很困难。遍布欧洲、亚洲和美洲的鞋业博物馆有三十个甚至更多，但它们全都讲述着相似的时尚故事，很少有哪个会深入探讨自己国家或城镇的那些特有的鞋类款式。(Swann 2001,8)

斯旺（2001）进行了一项范围广泛的研究，内容包括鞋的结构、样式及风格在挪威、瑞典和芬兰三个北欧国家的演变历程。她按照年代的顺序对这些鞋履进行考察，先是对一些全球通用的基本鞋款进行了简要的讨论，然后从史前的鞋子开始论述，然后再推进到中世纪，再到 16 世纪。(Swann2001)。[5]

男士的普廉尖鞋（poulaine）和女士的萧邦厚底鞋（chopine）都算是西方服装史上比较让人印象深刻的鞋种。普廉尖鞋是一种为男士设计的长尖脚趾鞋，从 14 世纪到 15 世纪中期它流行了大约 150 年，这种鞋的脚趾部分非常长，一般会用链子或绳子固定在小腿上，以防穿鞋者摔倒。普廉尖鞋那长长的鞋尖曾经是社会地位的象征，尽管后来这种鞋被教会和国王给禁穿了。

从一些年代久远的文献、艺术和考古发现案例来看，2 到 5 英寸长的尖头脚趾曾在 14 世纪晚期的欧洲非常流行。这种长脚趾的鞋履风格在 1400 年左右有所沉寂，但到了 15 世纪中期又重新活跃起来，并且甚至比之前更为流行。(Walford 2007: 12)

此外，在这款细长鞋型起源的背后还有一些色情元素，洛伊斯·班纳（Lois Banner）在其著作《时尚的性：1100—1600》(*The Fashionable Sex, 1100–1600*) 中解释道：

欧洲人认为，脚就像鼻子一样，其大小是和阴茎的尺寸成正比的。所以当时一度流行在普廉尖鞋的脚尖部分塞满木屑，以让其保持挺直饱满，也有不少人把鞋尖部分直接做成和涂画成阴茎的样子。到了 1367 年，法国国王查理五世宣布禁止人们穿那种阴茎形状的普廉尖鞋。(Banner 2008:10)

对普廉尖鞋的研究表明，这样一种具有性别针对性的鞋子早在 14 世纪就已出现。这也推翻了我们的一种假设，即只有女性的鞋子才会被视为性欲的对象。

除了普廉尖鞋，在 14 世纪到 16 世纪的意大利还一种叫作萧邦厚底鞋的新型鞋子出现。这种鞋特别受威尼斯地区女性的欢迎，其厚高的平台鞋底设计可以保护脚免受肮脏的街道的玷污，具有很实用的保护功能。不仅如此，对于穿着者来说，它还能起到装饰作用和彰显地位的功能。安德里亚·维亚内洛（Andrea Vianello）对欧洲文艺复兴时期的威尼斯萧邦厚底鞋进行了研究（2011:76-93），这些鞋的厚鞋底部分通常是用软木制成，高度可达 20 英寸（约 50 厘米）。最初，男性和女性都穿厚底鞋，但后来男性被禁止穿厚底鞋，甚至还会因此被罚款，因为彼时穿这种鞋的男性被认为太过女气，缺乏阳刚。到了 16 世纪早期，这种鞋子成了女性的专属，维亚内洛（2011）解释说，鞋的差异能够精确地反映出穿着者的身份和地位差异，甚至鞋底几英寸厚度的变化都能够反映穿着者是声名显赫还是臭名昭著，是品行得体还是行为不端。

比起西方鞋类的研究，关于非西方鞋类的专门学术研究数量就更少了。其中玛莉安娜·赫尔斯波什（Marianne Hulsbosch）的论文《尖头鞋和太阳帽:1850 年至 1942 年安汶服装及身份建构》（*Pointy Shoes and Pith Helmets: Dress and Identity Construction in Ambon from 1850 to 1942*，2014）是一篇关于荷兰殖民时期安汶地区服饰和鞋类的社会文化意义很有价值的研究，通过服饰与鞋，这一时期安汶人的民族身份得以建构。安汶岛是印度尼西亚众多岛屿之一，也是 1610 年到 1619 年荷兰东印度公司总部所在地。

基督教安汶中产女性被称为"诺娜塞内拉"（Nona Cenela），其字面翻译过来意思就是"拖鞋小姐"。她们通常是欧亚混血或者具有欧洲身份的本地女性，其得名正是因一种被称为"塞内拉"（cenela）的装饰露趾拖鞋，这体现了安汶人的多种族历史。塞内拉拖鞋被认为可能起源于中国，因为这种拖鞋上的装饰具有中国特色，但其也可能源自阿拉伯，因为塞内拉的鞋型也有阿拉伯式风格（Hulsbosch 2014：54），此外，塞内拉那尖尖的鞋头还让人能够联想起欧洲中世纪流行的普廉尖鞋。这种鞋穿起来并不舒服，所以要穿着它走路得需要一些练习，在安汶的殖民社会中，塞内拉拖鞋被用来强化和展示那些能够生活得悠闲从容的女性的社会地位以及她们自由的身份。穿着塞内拉的女性不会从事体力劳动，赫尔斯波什解释了这种鞋的两面性：

> 塞内拉同时表达着束缚和自由、脆弱和韧性。在某种意义上，塞内拉拖鞋是征服的终极象征，因为它严重地限制着穿着者的身体活动，使其只能缓慢而小心地行走。(Hulsbosch 2014：55)

塞内拉显然是一种崇高社会地位的象征。而当这些女性愈发年长时，她们就会穿上另外一种不同类型的拖鞋，叫作"Nyonya Kaus"，字面意思为"长袜夫人"。这种鞋是成熟、财富和地位的终极象征，其圆钝的脚趾部分呈 90 度垂直向上。而且穿鞋的人也没法把这种鞋完全套在脚上，要费尽全力才能在穿上这种鞋的时候控制身体去移动（Hulsbosch 2014: 56-57）。如此看来，在安汶文化中，女性的鞋履反映着女性的年龄、社会地位以及身份认同，和她们的衣着服饰同样重要。

玛莎·蔡克林（Martha Chaiklin）的文章《日本传统鞋类的纯净、脏污与地位》(*Purity, Pollution and Place in Traditional Japanese Footwear*) 给日本鞋类研究作出了重大贡献（2011:160–180）。蔡克林分析了日本德川时期（1600—1868）道德、身体清洁度以及日常生活之间的关系，并从商业、生产和社会 / 外部环境的角度分析了鞋子的功用。和世界上许多其他的文化一样，在日本最早只有上流社会会穿鞋，直到 17 世纪，鞋类才在平民中变得普遍。人字拖式的鞋履，如木屐（geta）、木凉鞋或由皮革制成的更正式一点的日式便鞋（zori）等都很受欢迎，这些鞋通常与分趾袜子一起穿。在日本，"脏污的室外"和"纯净的室内"之间有着明显的界限区分，在屋子里人们从来不会穿鞋，这是至今仍保留着的日本传统习俗。每个人在进屋时都会脱掉鞋子，因为无论是从实际上还是从象征意义上来说，室外的地面都是肮脏而污秽的。类似的进屋脱鞋习俗也曾存在于古印度，并在时至今日仍有保留（Jain-Neubauer 2000:111）。

关于 20 世纪之前非洲鞋类和服装的历史，通德·M. 阿金武米(Tunde M.Akinwumi）在其文章《探寻非洲往昔：约鲁巴人的鞋》（*Interrogating Africa's Past: Footwear among the Yoruba*，2011）中写道，因为这些鞋很难被考证，因此总是被忽视，她沿着从古代一直到 20 世纪初的约鲁巴社会政治和经济背景对约鲁巴社会各阶层的穿鞋传统进行了考察（Akinwumi 2011:183）。从 15 世纪开始，跨撒哈拉地区的贸易开始变得广泛起来，西非的贸易商人们会出售各种各样的商品，其中就包括廉价的简易拖鞋和昂贵的刺绣凉鞋。同时，约鲁巴兰（Yorubaland）地区的自然环境给约鲁巴人对木屐和其他"外国"鞋类的本土化带来了另一个强烈的动机，因为约鲁巴兰的大部分地区都被热带雨林所覆盖，热带雨林之中出产各种各样的硬木，如红木、雪松和白杨，这些木材非常适合用来制作木鞋（Akinwumi 2011:185）。多兰·罗斯（Doran Ross）（2011）也对非洲鞋履进行了简要的介绍，他写道传统非洲的领导者长期以来都会穿一些类型独特的鞋，其中最为特别的是刚果民主共和国国王所穿的"马特米曼尼米"（mateemy manneemy）。这种鞋是非洲地方王室服饰的一部分，鞋的每个脚趾都被单独分开，鞋面上一般会装饰一排考利贝壳和蓝白相间的珠子，图案通常是一种独特的玑镂（Guilloche）雕花风格。

鞋与禁奢法

因为蕴含着种种社会、经济以及政治意义，所以鞋也被纳入了历史上诸多约束和禁止奢侈品消费的禁奢法令的限制范围。这表明鞋子不仅仅是一个具有保护功能的服装组件，某些类型的鞋子还被赋予了特殊的威望与荣誉，无论其特殊之处是在于形状、高度还是面料。

欧洲地区早在 15 世纪就已有禁奢法令，根据沃尔福德（Walford）的研究：

> 公元 1463 年，爱德华四世宣布："任何勋爵、绅士以下的骑士以及其他人都不得使用或穿……任何有超过两英寸长鞋头的鞋子或靴子"，两年之后，这一重创鞋类时尚的限制又扩大到了所有人。教皇法案也在随后的 1468 年出台，法案称这种尖头鞋是"对上帝和教会的嘲笑，是世俗的虚荣和疯狂的臆想"，但无论是皇家法令还是教皇法案都没有阻止住普廉尖鞋的追随者。这种风格直到时尚的贵族们因长脚趾鞋过于普遍流行而将其抛弃后才失宠于市场，到了 1549 年，尖头鞋的风尚已经几乎消失掉了。(Walford 2007：12)

禁奢法的施行尺度是具有争议的，但它显示出了上流社会想要尽力遏止的时尚的涓滴效应。在路易十四（1643—1717）统治时期，红色高跟鞋（red-heeled shoes）只有宫廷中的贵族有资格穿，作为禁奢法的一部分，鞋子的颜色、装饰、材料和形状都被限定在特定的范围之内，成为权力和地位的象征。那些买不起或不被允许购买某些类型鞋子的人会穿木底鞋，这比皮鞋要经济耐用得多（Roche 1997）。意大利地区也曾有针对昂贵鞋子的禁奢法，1512 年至 1595 年间，意大利北部有 11 项相关法律禁止将金饰、银饰和刺绣用于鞋上，尤其是萧邦厚底（Vianello 2011）上。

此外，在亚洲和非洲也发现了类似的有关鞋类的禁奢法。曾佩琳（Zamperini）在一部关于儒家文化的经典研究著作中指出：

> 人们进屋前要脱鞋，参加宴会时要脱鞋除袜，大臣们与皇帝会面时也要脱靴脱袜。不过在仪式和祭拜场合，赤足却是一个禁忌。在传统中国和许多其他前现代社会，鞋子无疑能够彰显出穿着者的社会地位。随着时间的推移，复杂的穿鞋规则和相关的禁奢法令也逐渐发展起来，用来确保某些颜色的鞋子仍然是富人和有权者的专属。（Zamperini 2011:200）

类似地，在早期的现代日本那基于儒家思想改良的封建社会结构中，鞋和衣服一样是社会阶级的象征，因而对这一传统秩序的挑战也遭到了抵触（Chaiklin 2011）。彼时武士阶级处于社会的上层，其次是农民、工匠，最下端则是商人。江户时代（1603 年至 1868 年）的日本底层社会阶级只被允许穿草鞋和"势田"（seta），这种鞋大约在 16 世纪末的日本出现，是一种由竹树皮制成的皮革鞋底凉鞋。势田与社会底层有着密切的联系，不过也并非专属于底层阶级（柴克林 2011:173）。

阿金武米也指出，在非洲一些鞋种并非普通人能穿的，而是专属某些重要群体，社会底层的人民直到 20 世纪早期才拥有自由的穿鞋权利。

穿鞋与王族的联系意味着即便是贵族可能也没有资格穿鞋。当一
　　　位"欧芭"(oba, 约鲁巴语中意为国王)穿上木底鞋时, 他的人民将
　　　感受到他正作为一种象征行走于高台之上。这种木底鞋大约 6 英寸或
　　　者更高, 穿上这种高木底鞋会使得欧芭的身形看起来更为高大, 也
　　　隐喻着他崇高无上的地位。(Akinwumi 2011: 191)

　　西方人的到来逐渐使得当地不得不放弃这种贵族赤脚觐见皇室的
习俗。无论是教育良好的精英还是欧洲的传教士都呼吁终止这种传统,
最终, 平民也被允许在皇宫中穿鞋行走, 这被视为是王权受挫的重大
标志, 因为王室最为突出的服装特权之一已不复存在(Akinwumi 2011:
194)。

宗教仪式与信仰之中的鞋

　　无论是在历史上还是在当下, 鞋都在世界上许多宗教之中扮演着意
义非凡的角色。宗教服装需要遵循从宗教领袖到信教者都要遵守的教义,
包括鞋子在内。林妮·休姆(Lynne Hume)对宗教服饰的研究中有几个
对鞋类的重要描述(2013)。她写道:

　　　宗教服装是一个显而易见的差异性标志。其传达出来的信息是穿
　　　着者选择遵循一套特定的意识形态或者宗教原则与实践, 宗教服装
　　　起到了区分作用, 将某个宗教团体与其他团体区别开来。同时, 它们
　　　也在宗教的内部起着作用, 区分着等级、权力结构、性别, 也传递

着得体端庄、安守本分、道德等观念以及群体身份、信仰和意识形态等。(Hume 2013:1)

虽然鞋的基本功能是物理防护，但它同样也可以作为一种心理上的庇护，就像多兰·罗斯（Doran Ross）所指出那样（2011）："从最基本的功能层面来看，有底鞋显然发挥着物理防护的功能，但在此所讨论的鞋之中不少也具有护身符的作用。"

在犹太教中，男性和女性都必须衣着端庄并尽量减少皮肤的外露。犹太哈西德派（Hasidic）教徒的大部分服饰都源自 18 世纪始于东欧的哈西德运动，哈西德派的高层被称为"拉比"（the rebbes），他们遵循着严格的男性着装规范，也是唯一会穿"史克"（shich）和左肯（zocken）的群体，这两种东西分别是类似拖鞋的鞋子和类似白色及膝袜（Ouaknin 2000: 114）。鞋也可以用于宗教仪式之中，根据犹太仪式习俗，若一名寡妇未怀有子嗣，则亡夫的未婚兄弟有义务迎娶她，但是寡妇也可以解除这份义务，方法是在众人见证下从这位兄弟脚上脱下一种"开脱礼"鞋（halizah，这种鞋的起源大约可以追溯到 1900 年）；然后，这名男子就可以自由地和其他人结婚了（Nahshon 2008）。更有甚者，"鞋子已经成为犹太大屠杀受害者的代名词了，他们的鞋子和其他个人物品被纳粹的杀人机器当作战利品收集……"（Nahshon 2008: 1）。在此，鞋子隐喻着流离失所与逃亡。

根据比尔（2004：227）的说法，一个受戒的佛教徒几乎从不穿鞋，但当需要穿鞋时他们会穿简单的木制凉鞋、皮革凉鞋或者人字拖鞋，用以保护脚部。很多佛教寺庙的入口处都要求进入者脱去鞋履，因为鞋被认为是身上的肮脏部分。在佛教寺院规则中，还有在长老、高僧或大师面前不着鞋履的习俗（Jain-Neubauer 2000: 115）。一位尊敬的受戒尼姑伦杜普·丹东（Lhundub Tendron）曾说（Hume 2013：115）："不要把僧袍套在头上，不要穿鞋直接走进去，也不要把袍子拖在地上；这些行为都是失礼的。"

佛教起源于印度，并传播到了世界各地。不同地区佛教徒所穿僧袍形式、颜色和面料会根据地域、文化、气候、特定区域、传统或流派，乃至血统而发生变化（Hume2013：109 110）。例如，西藏的佛教服饰，包括鞋子在内都是装饰精美而颜色多彩的。根据德西代里（Desideri）（2010: 328）的说法，西藏的佛教徒在室内室外都会穿靴，这种鞋是由经过良好鞣制的白色皮革所制成，长筒部分由红色的华美布饰丝绸织造，上面有精美的刺绣图案。

在基督教中，历来都有严格的着装规范。中世纪时期的教皇会穿红色长袜和红色鞋子、白色亚麻长袍及红色或白色的斗篷，这种斗篷被称为教皇斗篷（papal mantle）（Hume2013:17）。1800 年至 1823 年的罗马天主教教皇庇护七世（Pope Pius VII）就穿这种有着金色刺绣和十字形图案的定制红色天鹅绒鞋子（McIver 1994）。教皇的鞋子上经常还装饰有罗马天主教领袖的符号和图案，这象征着教皇在教中的至高地位。

休姆分析了基督教阿米什派（Amish）的生活习惯和服饰习俗，阿米什派的基本生活哲学是"谦逊、简单、平等和有序"（Hume 2013: 38），他们遵守自己的秩序（Ordnung）。除了严格的着装要求外，他们对鞋子也有规定，加勒特（Garret）在她的自传文章中解释说，在阿米什派的社群之中，他们必须要穿黑色皮鞋并系紧鞋带，再配上高到膝盖的尼龙打底裤（Garret and Garret2003:13）。女性要穿黑色平底正装皮鞋，并且不允许穿高跟鞋（Hume 2013: 39），她们着装风格显示出她们随时准备好要投入工作。

在其著作《印度文化中的足与足靴》（*Feet & Footwear in Indian Culture*，2000），金 - 纽鲍尔罗列了印度从古代（公元前 4000 年）以来鞋类历史的概况，并运用文学作品及考古资料分析了脚、鞋和饰品的深层文化含义。在融汇了印度教、佛教和耆那教文化的印度文化中，鞋子是神性的象征，帕杜卡（Paduka）是一种脚趾部分呈圆形的凉鞋，这种鞋由一块木板大致切成脚印的形状，在前部有一根带头的柱子，用来夹在大脚趾和第二个脚趾之间。帕杜卡往往与神职人员及穿梭于村庄间布道的传教士联系在一起，象征着一种宗教上的地位。

印度教、佛教和耆那教的苦行僧一般不被允许穿世俗之中那种奢侈的鞋子，但为了防止与任何宗教仪式上认定的不洁之物相接触，他们被允许穿由木材或其他"纯净"材料制成的鞋子。但是，宗教名士的鞋子却被认为是运载着他们神圣的脚上所沾的灰尘，因此是值得被崇拜供奉的。这一想法导致了印度对圣人和神的崇拜供祀对象并非拟人的神圣形象，而是以鞋作为象征。（Jain-Neubauer 2000:14, 15）

作为恋物对象的鞋

鞋是一个性别化的物件，男鞋和女鞋之间有着清晰的区分。鞋类的研究重点一直是女鞋，尤其是高跟鞋，因为它具有极大的性吸引力，高跟鞋的意义内涵经历过转变，历史上曾经男女都穿的高跟鞋现在已是女性的专属了。实际上，不仅是鞋如此，女性的脚踝、裸露的足部乃至小脚也常被视为恋物对象（见本章结论）。

时至今日，男女鞋的形状和颜色主要因性别而异。有人会说，不少性别间的差异是在所谓的"漫长的18世纪"发展起来的（McNeil and Riello 2011c: 95）。在17世纪早期，上层社会的男人还会穿高跟鞋，但到了18世纪中期男人就已不再穿着高跟鞋，高跟鞋成为女性独享（Small 2014:9）。到了18世纪晚期和19世纪，男性时尚变得愈发低调朴素，随着男性放弃了时尚，高跟鞋愈发与女性气质、恋物癖以及色情联系在了一起。

紧身胸衣（Corset），一种女士内衣，与高跟鞋一道被认为是恋物的对象。瓦莱丽·斯蒂尔[6]将紧身胸衣和高跟鞋这两样都能使身体更加性感的物品进行了类比：

> 高跟鞋将脚给弓起来，它们不仅改变着穿着者的站姿，而且还改变了她的步行姿态——穿着的女性将步履蹒跚、摆动着身形扭腰前行。同时，高跟鞋尤其是尖头高跟鞋，也会使女性的脚看起来更为小巧。（Steele 2012:8）

女性物品的恋物话题一直是许多作家的兴趣所在。大卫·昆兹勒（David Kunzle）出版了一本名为《时尚与恋物癖》（*Fashion & Fetishism*, 2004）的著作，书中他谈到了紧身胸衣和高跟鞋等恋物对象，以及不同形状的脚的等级象征意义，大圆形脚趾的脚通常被认为是"粗鄙"的。丽莎·斯莫尔（Lisa Small）在《致命跟鞋：高跟鞋的艺术》（*The Art of the High-Heeled Shoe*）展览的介绍册中写道（2014:9）：高跟鞋和其他抬高鞋底的鞋类在几个世纪以来一直都是地位的象征。它们被渴望、被崇拜、被辱骂、被约束、被嘲笑、被迷恋乃至被立法禁止，可它们也一直是女性气质构建和表现的中心。卡洛琳·韦伯（Caroline Weber）在她的文章《永恒的高跟鞋：色情与赋权》（*The Eternal High Heel: Eroticism and Empowerment*）（2014:15:23）中讨论了高跟鞋的历史。斯蒂尔则将时尚视为一种与性行为（包括情色吸引）和性别认同（1996:4）相关的象征系统。她指出，恋物癖不仅与性有关，而且在很大程度上还与权力和占有有关。

> 恋物癖的概念近年来在对性别文化建构的批判性思考中变得越来越重要。《作为文化话语的恋物癖》（*Fetishism as Cultural Discourse*）和《女性化恋物癖》（*Feminizing the Fetish complement*）等著作补充以及批判了大量将恋物癖作为一种性变态的文献。新马克思主义者分析了商品恋物癖（拜物教），女权主义学者探讨了具有争议的"女性恋物癖"，艺术理论家则强调恋物癖在当代艺术中的颠覆性作用，他们认为任何能震撼到我们情感的物品都可以是一种恋物癖。（Steele 1996:6）

一些人认为恋物癖只是在现代西方社会才发展起来，但斯蒂尔认为恋物癖是无处不在的，即便并非如此，它也已经在诸多文化之中存在了数千年（1996：21 22）。她很有说服力地指出，恋物癖并非人类与生俱来，而是被社会所构建出来的行为：

> 某些特定的服装总是被当作恋物对象是有其文化和历史原因的。在西方，高跟鞋总是与时尚性感的精致女人相联系，这也是妓女和异装癖者对其非常青睐的原因……高跟鞋影响了穿着者的步态和身姿，也突出了许多与女性性感有关的身体特征。穿着高跟鞋使得身体的下半部分呈一种紧张状态，臀部的运动与曲线被突出出来，在这种状态下，穿着者的背也将拱起呈曲线，胸部向前高耸推出。高跟鞋还修饰了腿的外观轮廓，它增加了小腿的曲线，使得脚踝和脚向前倾斜，从而创造出一种迷人的长腿形象。从特定的角度看去，高跟鞋也让人想起女性的三点。（Steele 2011：269）

此外，威廉·a.罗西（Willaim a . Rossi）在《脚与鞋的性生活》（*The Sex Life of The Foot and Shoe*，1976）中从精神分析的角度将性与鞋联系在了一起，将女性的鞋类与性欲对象相关联起来。他还认为不仅仅是鞋子本身，鞋上的装饰品最初也是生殖器的象征，例如大纽扣象征睾丸，鞋领周围的装饰毛代表着阴毛（Rossi 1976：222 223）。不过时到如今，这些物品在大多数人看来已经失去了生殖器相关的象征意义。

在《微妙的平衡：女性、权力和高跟鞋》（*A Delicate Balance: Women, Power and High Heels*）一书中，伊丽莎白·赛默哈克（Elizabeth Semmelhack）依年代顺序讲述了女性高跟鞋的历史，并分析解读了几个世纪以来高跟鞋风潮的起起落落（2011：224 247）。高跟鞋与社会地位的关联一直到 17 世纪下半叶都存在着，在这期间高跟鞋的性别化差异越来越明显，男高跟鞋鞋跟一般是四方块状，而女性的则是锥形的，且有着精致的设计，这反映出一种对于优雅精美的女性足部的文化偏好（Semmelhack 2011: 225）。18 世纪早期，鞋履已经彻底成了女性独有的鞋款，彼时性别化特征已愈发明确地彰显于鞋履之中，高跟的鞋跟越高，其与女性的性特征联系就越紧密（Semmelhack 2011: 225; Steele2012:10）。在 18 世纪 80 年代左右，高跟鞋的潮流逐渐消退，但到了 19 世纪中期又重新流行于富有的特权阶级女性之中。赛默哈克解释了蕴含高跟鞋之中的性暗示与权力意味：

> 在 19 世纪下半叶，交际花（courtesan）和性交易是欧洲知识和艺术思想上的重要概念之一。交际花将女性"权力"与性的操纵联系在一起，这一概念间接说明了这一时期女性独立的失败，并予以那些一直寻求更多自主的"体面"女性一个警告……其性的商品化成为现代社会主流的一部分，愈发明确的性诱惑则正在成为时尚的目标之一，特别是高跟鞋，这一物品被灌输了情色的意义。（Semmelhack 2011: 230）

从那一时期起，男人就不再穿高跟鞋，高跟鞋因而成了女性使用的服饰组件。高跟鞋是性感的、色情的，鞋跟越高，鞋子与性意味的联系就越强（Semmelhack 2011: 233）。

鞋子的高度和女性的品德在文化上有着明显的联系，这种联系贯穿了整个 16 世纪。圆柱状的萧邦厚底鞋与妓女联系在一起，象征着一种性的可得性。这和 17 世纪日本花魁（Oiran）所穿的厚底木屐很类似，它们都限制着女性的活动能力，但同时也是社会地位的标志。

结语

通过将鞋类纳入时尚与服装的研究之中并回顾对于西方与非西方国家过往以及当下的鞋类研究，我们可以看到，鞋类与服装一样，除了具有保护功能外，还具有装饰美化的功能和地位彰显的功能。鞋子不仅仅只是为了实用目的而覆盖在脚上的普通物件，正如本章中所讨论的，它们具有多层次的社会、文化、宗教、政治及法律等含义。通过服装，我们传达出大量关于我们自身的社会信息，同样，我们的鞋也能够传递出关于我们的社会阶层、地位、宗教信仰、性取向和职业等诸多信息。

2

第二章

作为亚文化的运动鞋：从地下到地上

Sneakers as a Subculture:
Emerging from Underground to Upperground

　　关于鞋类研究的文献主要基于鞋类的历史研究，这给我们对运动鞋的研究提供了一定的信息。也表明目前对于当代鞋类，特别是对男性鞋类的研究是很有限的。从没有哪一种鞋能像运动鞋这样将某个群体凝聚到一起，也没有哪一种鞋能产生如此的亚文化圈。

　　亚文化理论家们致力于研究不同的亚文化社群以及社群中成员的行为模式、偏好和共性。如此，我们可以先对亚文化进行一些通行性的理论分析，为了研究某种既作为一个社会群体又作为一种男性社交介质的亚文化，我们应关注他们的社群交流，在这种交流之中其亚文化的意义通过对话和互动进行着协商。我们也必须注意不要对亚文化一概而论，因为当在作为个体一员和共同集体时，其对于自身的诠释是完全不同的。虽然许多亚文化之间有着不少相似之处和共同点，但没有哪两种亚文化是完全相同的。

在这一章中，我将运动鞋爱好者群体视为是一种亚文化群体，并探索包括某些亚文化理论在内的各种社会学理论能将这一群体解读到何种程度。运动鞋爱好者称自己为"鞋迷"(sneakerhead)、"鞋狂"(sneakerholics)或"鞋客"(Sneaker pimps)，这是一个很好的亚文化研究案例，因为这个由球鞋爱好者和收藏家组成的群体拥有许多（但也并非全部）其他青年亚文化所具有的重要特征和与众不同之处。但同时他们又是独一无二的，因为这个群体因运动鞋这个对象而牢牢相连。鞋迷们把包含着大量社会性信息的运动鞋当作一种欲望的对象，进行着虔诚地崇拜和由衷地赞美。

亚文化可以围绕任何一种信仰、态度、兴趣或者活动来构建。每一种亚文化都有着其参与者所共享的价值观与行为规范，这给予了参与者一个共同的群体组织身份。鞋迷要穿着一双"对"的运动鞋才能称得上是"真正的鞋粉"，不管这种"对"是怎么定义的。

运动鞋亚文化诞生于嘻哈文化之中。嘻哈文化最早脱胎于有着自己黑话体系的街头社群之中，他们有自己的语言交流方法，用一些特别的术语、短句、习语和俚语来形容各种东西以及运动鞋，外人往往很难以理解（见表 2）。

表 2　运动鞋常用缩写与专业术语

缩写	专业术语
3M	Reflective Material

续表

缩写	专业术语
ACG	All Conditions Gear
AF1	Air Force 1
AJ	Air Jordan
AM	Air Max
AZG	Air Zoom Generation
B-Grade	A shoe that is produced in the factory that may or may not have flaws.
Beater	A shoe that is worn without care, usually a shoe that you wear all the time. This is also the same shoe you do not mind getting stepped on, scuffed, or dirty.
Bred	Black/Red Air Jordan colorway
BRS	Blue Ribbon Sports
Camo	Camouflage
CG	Cool Grey, usually used when talking about the Air Jordan III, IV, IX, or XI.
CO.JP	Concept Japan
DMP	Defining Moments Pack
DQM	Dave's Quality Meat（a shoe shop in NYC）
DS	Dead stock
DT	Diamond Turf
FT	Feng Tay（Nike Factory in Asia）usually seen on the box tag of sample or promo shoe.
G.O.A.T.	Greatest of All Time

缩写	专业术语
GR	General Release
GS	Grade School
Heat	Hard to find shoes usually older models but can also be newer models.
HOA	History of Air
Holy Grail	Your most wanted shoe that may be very expensive or extremely rare.
HTM	A set of shoes designed by Hiroshi Fujiwara, Tinker Hatfield, and Mark Parker. HTM is the first letter of each designer's name.
Hyperstrike	Ultra limited and available at Nike shops with a Tier 0 and 1 account. Not many shops have these accounts because they are very hard to get. Also, some people may call shoes numbered at 500 pairs or less a "Hyperstrike".
ID	Individually Designed
ISS	Instyleshoes.com（Forum）
J's	Jordans
JB	Jordan Brand
LBJ	Lebron James
LE	Limited Edition
LS	Lifestyle which is a Jordan product that is usually associated with matching clothing and is geared toward trendy fashion than toward athletic performance.
NDS	Near dead stock
NIB	New in Box
NL	No Liner

续表

缩写	专业术语
NSB	Nikeskateboarding.org（Forum）
NT	Nike Talk（Forum）
NWT	New with Tags
OG	Original
P-Rod	Paul Rodriquez（a skater for Nike with a signature shoe line）
PE	Player Exclusive
Premium	Usually made with high-quality construction or material and will most likely cost more
Quickstrike	Only released at special Nike account stores, in most cases may pop out of no where in limited numbers
Retro	Re-Release
Retro +	Not an original Jordan colorway
SB	Skateboard
SBTG	Sabotage（the world famous custom designer）
SE	Special Edition
SVSM	Saint Vincent Saint Mary（Lebron James' High School）
UNDFTD	Undefeated（a shoe shop in Los Angeles, CA）
Uptowns	Air Force 1
VNDS	Very near dead stock
X	Usually stands for "and"

资料来源：根据尼克·英瓦尔（Nick Engvall）、布兰登·艾德（Brandon Edler）和鲁斯·本斯顿（Russ Bengtson）所著的《初学者运动鞋术语指南》和《运动鞋俚语词汇表》提供的信息。

美国和英国曾有大量颇具影响力的亚文化研究，这些研究侧重于研究游离于所谓的主流社会之外的某些特定社会群体。芝加哥学派也即芝加哥大学社会学系曾有关于城市社会学的重要研究，这些研究主要使用民族志田野调查的研究方法，这为微观社会学理论、符号互动论对于边缘群体的解读做出了重要贡献。早在 1918 年，W.I. 托马斯（W.I.Thomas）和佛罗莱恩·维托尔德·兹纳涅茨基（Florian Witold Znaniecki）就曾出版过一本关于芝加哥波兰移民的著作（1918）；奈尔斯·安德森（Nels Anderson）也曾出版一本关于芝加哥无业游民的《流浪汉》（*The Hobo* 1922）；弗雷德里克·思拉舍（Frederic Thrasher）的研究则是关于在特定街区里生长的帮派（1927）；爱德华·富兰克林·弗雷泽（Edward Franklin Frazer）则有《美国的黑人家庭》（*The Negro Family in the United States*，1939）。这些研究的对象往往是远离主流社会的贫穷移民、少数族裔或者是一些偏离社会主流的群体，诸如流浪汉或者帮派成员一类，这些人大多生活在社会的底层边缘。直到 20 世纪 40 年代，"亚文化"一词才开始被用来形容多元而割裂的美国社会环境之中某些特殊的社会异类群体（Gelder 2005: 21）。

相比之下，1964 年成立的英国伯明翰大学当代文化研究中心（CCCS）更关注于马克思主义的社会阶级概念，这是他们对于亚文化特别是青年亚文化研究的中心主题。CCCS 的研究者明确指出，亚文化本质上是一种属于劳动阶级的现象，基于这一观点，如果某个个体属于精英阶层，他或她就没有成为亚文化成员的必要。CCCS 的学者所出版的著作中最重要的两部分别是斯图加特·霍尔（Stuart Hall）和托尼·杰斐逊（Tony Jefferson）的《通过仪式抵抗》（*Resistance through Rituals*，1976）以及迪克·赫伯迪格（Dick Hebdige）的《亚文化：风格的意义》（*Subculture: The Meaning of Style*，1979）。他们研究了光头党、摩登派、古惑仔（Hall and Jefferson1976）和朋克（Hebdige, 1979）等有着完全不同风格表达的亚文化。在方法论上，他们对于这些青年亚文化的研究策略从民族志研究转向了符号学研究。

克拉克指出，亚文化定义的对象主要是青年人：

> 它（亚文化）已经成为用来区分20世纪一些有着某种显著风格和共同组织的青年群体的一种象征。然而，社会学家也常用这个词来描述一些范畴特别广泛的群体——比如钓鱼佬，西德克萨斯浸信会教徒，或者玩具火车爱好者等——实际上，亚文化更常用于描述一些年轻人的群体。(Clark 2003: 223, footnote 2)

美国和英国这两个国家的研究传统为后来出现的所有亚文化研究奠定了基础。在英国和美国文化之中，亚文化都一直处于主流文化的对立位置，尽管这种对立的程度在不同的亚文化群体之间有所差异。

然而，最近的学者在这些研究传统上进行了突破。本内特（Bennet）和霍德金斯（Hodkinson）如此分析：

> 传统的那些亚文化分析思路对于青年过渡期的研究而言已经有些不合时宜了。在这一研究领域中，不少理论家已经将关注的重点转移到青年人那明显愈发丰富的多元性、复杂性和该阶段的持续时间，以及青年和成年之间愈发模糊的界限上。(2012:1)

后亚文化理论家也看到了传统上对于亚文化理解的局限性，特别是 CCCS 学者（Bennett and Kahn-Harris 2004; Hodkinson 2002; Muggleton and Weinzierl 2003）的传统理论框架，因为他们对于阶级的关注往往是针对特定年龄的，其考察对象仅限于青少年和 20 岁出头的年轻人（Muggleton and Wienzierl 2003）。与其说是"亚文化"，许多后亚文化理论家认为本内特和皮特森（2004）提出的"场景"（Scene）一词更为合适。本内特（2006: 223）认为这一概念体现出了青年个体在挪用和使用特定的音乐和风格时所具有的反身性，同时，它也并未假定参与者的所有行为都受到了亚文化相关标准的制约（Bennett and Peterson 2004: 3），风格、音乐品味和身份之间的关系在此概念下也变得愈发松散而灵活（Bennett and Kahn-Harris 2004: 11）。

本书对运动鞋的考察既是实证性的，又是理论性的，我更倾向于 CCCS 的研究方法，即将运动鞋爱好者置于社会学框架内，将运动鞋作为一种文本来阅读，同时结合民族志研究以及与运动鞋爱好者的面对面互动来进行综合分析。与那些后亚文化理论家不同，在我的运动鞋社群研究之中，我还是更喜欢使用"亚文化"一词，因为我希望展现出其地下性的逐渐消失、亚文化的隐蔽特质以及"地上"亚文化的出现，这暗示着随着商业活动的发展，这个社群逐渐暴露于大众的视野之中。而且不同于其他当代青年社群，运动鞋迷们不会只是暂时地进入其"场景"，因为他们几乎是鞋不离脚的。通过鞋子我们不难看出，他们对运动鞋的热爱与信念是恒久持续的。

我曾在运动鞋收藏家买卖运动鞋的活动集会上进行过实地调查。与此同时，我也关注了他们所穿的各种类型的运动鞋，观察他们如何穿鞋、每一款鞋的意义，以及作为运动鞋圈的圈内人究竟意味着什么。青年亚文化在此变得如此复杂而多元，这绝不简单只是亚文化与主流文化的对立，马格尔顿和魏因齐尔解释道：

> 亚文化似乎是一个老生常谈的概念，其意味着"亚文化"和孕育它的母文化是连贯的、同质的，可以被明确地进行区分。但当代青年文化的真正含义层次显然要比"权威的主流"–"抵抗的亚文化"这样简单二分法的概括要繁杂得多。(Muggleton and Weinzierl2003；7)

我认为亚文化有地下和地上之分，曾属于地下的运动鞋亚文化现在已然被公之于地上，并变得更为非政治化，尽管它仍然被贴着亚文化的标签。正如马格尔顿和温齐尔进一步所指出的：

> 某些当代的"亚文化"运动依然反映着一些政治倾向，但其风格本身所蕴含的潜在抵抗性似乎在很大程度上丧失了，随之而来的是亚文化的"内在"颠覆性特质以一种幻觉的方式被暴露出来。如此一来，虽然CCCS的分析仍可被视为是有开创性的研究，但它们却似乎已不再能准确反映21世纪的政治、文化和经济现实了。(Muggleton and Weinzierl 2003；4)

运动鞋现象的三波浪潮

我借用了女权主义所经历的不同阶段和"浪潮"的概念，将运动鞋收藏和流行的现象大致分为了三个时期，并将它们命名为不同的浪潮阶段：[9]

1）第一波浪潮：发生在 20 世纪 70 年代纽约，这一时期是 Nike Air Jordan 运动鞋推出之前的"前乔丹时代"，地下的运动鞋亚文化开始随着嘻哈文化而发展起来。运动鞋亚文化被认为是一个隐蔽的社群，最初出现于以少数族裔为主的下层社区中。

2）第二波浪潮：发生于"后乔丹时代"，这波浪潮始于 1984 年诞生并于 1985 年市售的 Nike Air Jordan 运动鞋，这双鞋以美国传奇篮球运动员迈克尔·乔丹的名字命名。"后乔丹时代"是运动鞋商品化和大众化的开始，并且这种商品化和大众化年复一年地加剧着。此时的运动鞋现象逐渐超越了文化、种族、阶级和国界，在全世界范围内愈发广泛地传播开来。尽管它仍然是一种亚文化，但其已不再像以前那样身处地下、被隐藏遮蔽。我称其为"地上亚文化"，这是一种处于社会表层并被大众所认可的亚文化。

3）第三波浪潮：始于 21 世纪的西方世界，尤其是美国，这一时期互联网出现，智能手机和平板电脑快速发展。我们看到随着人们越来越多地使用社交媒体作为交流工具，运动鞋热潮在碎片化的后现代时代于全球广泛地传播和流动开来。新的技术使运动鞋爱好者在相互交流和竞相购买时的状况发生了彻底转变，始于第二波浪潮的运动鞋文化传播现在正以越来越快的速度扩散着。

这三波运动鞋现象浪潮的具体内容将在本章以及随后的章节中深入探讨。

作为地下亚文化的前乔丹时代
第一波运动鞋浪潮

为了理解运动鞋亚文化的起源和来由，我们必须将运动鞋置于嘻哈文化这一更大的框架之中进行考察，这是一种非裔美国人的文化审美传统和运动（Chang 2005, 2006; Price 2006; Rabaka 2011）。一种青年亚文化指的是一整套特定的生活方式，其中包括这些人对音乐、书籍、艺术和时尚的偏好。典型的运动鞋爱好者也有着相似的生活方式，他们穿着牛仔裤、T恤，戴着棒球帽，热爱街头艺术比如涂鸦等。这些人往往还喜欢听说唱音乐，而运动鞋也是这些发源于纽约非裔美国人社区的音乐场景之中非常重要的一部分。

要理解运动鞋亚文化的起源，我们就要了解由男性主导的嘻哈文化，而为了了解嘻哈文化的起源，我们得追溯到 1970 年代纽约的社会及经济面貌。包括衣服和运动鞋在内的种种物质实体从来都不是独立于其社会及文化语境和环境之外的，我们的穿着方式乃是种种外部因素有意识或潜意识地加诸于我们的，只要一个事物或者个体身处某个社会环境之中，就不可避免地会受到社会性的影响。

第一波运动鞋浪潮起源于纽约的南布朗克斯地区（South Bronx），那里在 20 世纪 70 年代是纽约最为贫困的地区，这也可能是纽约历史上最为糟糕的时期。彼时的纽约正式宣布破产，市民生活水平下降，无家可归者的数量也因此增加。正值经济衰退的纽约贫困率飙高，抢劫、杀人、毒品交易和卖淫等犯罪率严重上升，形象非常恶劣，极为不宜居住和旅行，居民大量失业、入不敷出。"街头帮派开始在当地社区的墙壁上做标记来划分他们的地盘，一些人开始在地铁上喷涂他们的名字。"(Aheran 2003: 20) 那一时期的种族和阶级之间有很强的相关性，因为大多数贫困家庭是少数族裔尤其是黑人。不像最近几十年来人们拥抱和赞扬种族多样性、差异性和多元文化，那个时期的种族问题同样也是阶级问题，美国和纽约在种族和社会上显现了出一种分裂的状态。

作为一种全新音乐类型的嘻哈文化和说唱音乐就是在这种情况下诞生的。正如被称为"嘻哈之父"的 DJ 酷·赫克（Kool Herc）所说（Chang 2005: xiii）："嘻哈就像一个家庭……这种文化诞生于贫民区"，它解决了黑人所面临的许多社会问题。在当时，嘻哈社群是有明确的反叛主流的政治议程的。普莱斯也曾指出：

> 嘻哈文化是……一种民主、自我实现、创造力和自豪感的产物……以前帮派的地盘成为嘻哈社区派对和户外集会的主要场所。而之前的帮派斗争则变成了 DJ 们的激烈 battle 和打碟对决，以及无数男女街头舞者（通常被称为 b-boy 和 b-girl）和涂鸦艺术家多彩多样的艺术展示。(Price 2006:xi)

DJ 酷·赫克解释了这种文化是如何产生的：

> 70 年代初，一开始打碟的时候我们只是为了好玩而已。我是"人

民的选择",我来自街头。如果人们喜欢你,他们就会支持你,你的歌就代表了他们。也就是那时候,我办的派对开始流行了起来。对布朗克斯的年轻人来说嘻哈派对成了一种仪式……于我而言,嘻哈就像是在说:"来吧,做你自己。"我们都是一家人,这与安全感无关,也和穿金戴银无关。重要的既不是你的枪能打出多少发子弹,也不是200美元的运动鞋,也不是说我比你牛或者你比我厉害,而是关于你和我,关于人和人的联系。这就是嘻哈能有这么广泛的吸引力的原因……它把白人孩子、黑人孩子、棕色皮肤的孩子和黄皮肤孩子们都联系在了一起。(DJ Kool Herc in Chang 2005: xi)

阿赫然(Aheran)分析了 DJ 酷·赫克和嘻哈这种新型音乐文化是如何吸引到各种不同成员群体的,这些群体为嘻哈文化的流行做出了重大贡献:

希望 b-boy 们能够更加兴奋起来的 DJ 酷·赫克在 20 世纪 70 年代中期发明了一种技术,通过循环播放詹姆斯·布朗(James Brown)或者其他唱片中的鼓点来创造一种非常激情的新型打击乐。DJ 阿非利夫·巴姆巴塔(Afrika Bambaataa)更是把帮派"大刀片党"改造成了进行 DJ 派对和非洲文化活动的"大祖鲁族"。"闪光大师"(Grand Master Flash)则尝试着进一步完善切盘打碟的技术,并请他的街舞团队尝试用麦克风展示风格,这也促使了"狂怒"(Furious)MC 风格的形成。嘻哈就此诞生。(Aheran 2003: 20 21)

嘻哈在那些每天都经历着贫穷和种族不平等的黑人年轻人中非常受欢迎。身处美国的社会环境里，这些年轻人既没有生活动力，也没有梦想，因为社会给不了他们便宜的住房、医疗保健、体面的就业和高质量的教育，但嘻哈音乐给了他们另一种让人兴奋的生活方式，这与主流的、于他们而言触不可及的白人文化截然不同。

作为街头嘻哈美学的运动鞋

嘻哈不仅仅是一种音乐类型，其本身也是一种文化，有着特定类型的风格。嘻哈文化中有四个基本元素：DJing、涂鸦、街舞和 MCing，其中每一种都有自我表达的作用，每一种也都与 60 年代流行的帮派文化与生活方式相关联（普莱斯 2006: 21）。之后嘻哈文化的广泛流行为其他的元素，诸如其中的时尚和语言习惯的传播提供了机会，而所有这些元素都是嘻哈美学之中的一部分（Price 2006: 21）。

丹尼·霍奇（Danny Hoch）（Chang2006: 349）对涂鸦、DJ、街舞和说唱之中的嘻哈美学进行了研究。他的研究对象并没有包含衣服和鞋子，但我们还是应该把运动鞋包括到讨论范畴之中，因为运动鞋已经是嘻哈美学之中不可缺少的一部分了，这也是为什么说唱音乐人几乎总是穿运动鞋，且粉丝和追随者也对他们的鞋款非常关注。虽然嘻哈从未被当成正当的"艺术"，但历经多年，其内涵也早已发生了彻底的转变。

在杰夫·张（Jeff Chang）的访谈中，街舞舞者兼涂鸦艺术家 DOZE如此说道（Chang 2006：321，330）：

当你谈论嘻哈音乐时，当你想更广泛地了解世界时，你谈论的实际上是那些穷人。因为大多数时尚都来自街头——那么谁代表了街头？通常创造时尚风格的是那些工人阶级。街头是嘻哈吗？还是一种城市文化的影响？它是关于穷人的……是关于那些才华横溢但却买不起一个该死的Bally的穷人的，他们在自己的内裤上打上设计符号，把衣服剪裁成特定的样子，或者在上面打一个小结。他们买不起高定时装品牌的上衣，所以就自己给自己设计款式。这就是嘻哈的时尚：人们创造他们喜欢的东西，创造样式。他们自己在衣服上涂鸦作画而不是去店里面买。从货架上面买来的绝不是真正的街头嘻哈，绝对绝对不是。(DOZE in Chang 2006: 328-329)

同样，嘻哈和街头也有很强的相关性。沃格尔（Vogel）解读了"街头"一词以及包括运动鞋在内的"街头服饰"的含义：

没有什么套路可以让某个东西立刻"街头"起来……街头服饰把一群有着相似兴趣的人聚集在一起，这是一种态度、审美和行动的结合。街头服饰不是那种能够被分析、学习和复制，然后打包出售给无知大众的东西。所以为了能够成功地深入街头服饰这个领域，很多人包括我自己在内，首先得成为这种亚文化潮流中的一分子。(Vogel 2007: 8 9)

可以毫不夸张地说，无论是过去还是现在，运动鞋都是说唱音乐人衣着服饰的重要部分。那些自称圈内人的群体总是穿着运动鞋，因为这是他们风格和身份认同的重要组成部分。嘻哈与黑人文化之间有着直接而显见的联系，所以运动鞋也与黑人联系在一起，尤其是在"前乔丹时代"。

> 嘻哈文化兴起于 20 世纪 70 年代中期，伴随之而来的是对运动鞋的一种新态度……在现在，运动鞋都被崭新地保养收藏着，而不断上涨的价格也让你的收藏物有所值，这种趋势遍及全世界；无论运动鞋最初是被用来玩滑板、踢球，还是只是用来穿着在街上闲逛，是嘻哈文化把它们变成了这种如今人人渴求的情形。回想一下 Run-DMC 的《这样走》(Walk This Way) 宣传片；这个例子经常被拿来说道，但那些崭新的阿迪达斯 Superstars 运动鞋确实对彼时的青年文化产生了历久弥新的影响。(Intercity 2008:6)

　　个体，尤其是迷茫的青年，在看不到未来时，由于对生活的不满和迷茫，可能更有可能融入一些边缘群体之中。这些人无法获得精英们的财富、声望和权力，结果是他们可能会转而形成一些有着自己独特价值体系的地下亚文化，70 年代的一些运动鞋爱好者很大程度上就是这种情况。加入一个亚文化社群使他们有机会获得在别处无法获得的认可、关注和尊重，其进入的原因有可能来自他们所处的令人绝望的社会环境，种种因素导致这些年轻人创造了他们自己的审美理念，这些理念很可能看起来是偏离主流的。此时亚文化的身份为那些认为自己身处社会边缘的个体提供了一个物理的、虚拟的和象征性的空间。

对于寻常审美品位的排斥

所以，第一波球鞋浪潮是由少数族裔青年所引导的反抗美国主流社会的结果。运动鞋鉴赏家博比托·加西亚（Bobbito Garcia）在电话采访中就曾明确地告诉我："运动鞋的亚文化正是源自有色人种。"

肯·吉尔德（Ken Gelder）将亚文化定义为一群通过他们的特殊兴趣和实践，通过他们是谁，他们做什么，他们在哪里做，从而在某种程度上被描绘为是非主流和／或边缘人的群体（2005:1）。[10] 他解释说，亚文化是社会性的，他们有自己的共同习俗、价值观乃至仪式。吉尔德描述了亚文化的一些不同形式和实践，并解读了亚文化成员与工作及社会阶级之间那种负面的关系，以及诸如街头、少数族裔社区以及夜店等亚文化特定的地理区域，还有极度夸张的风格表达则都是识别亚文化参与者的一些关键点（Gelder 2007）。

在 20 世纪 70 年代，时尚就是欧洲那些奢侈品牌的同义词，比如法国的高级定制（Haute Couture）或英国萨维尔街（Savile Row）的手工商务西服套装。对于南布朗克斯地区的大多数年轻人而言，他们根本就没有机会接触到这些东西，所以他们显然会抵制这种风格，而属于他们的那些实用风格过去在时尚界是根本没有什么地位的。但就像朋克音乐一样，这些人创造了自己对于时尚和美学的定义，他们的运动鞋、涂鸦和装饰的手法诞生于第一波运动鞋浪潮（图 2.1 和图 2.2）期间，并一直流行至今。但在那一时期，没有哪个主流机构把这种风格当作为一种潮流或者时尚来推广，正如亨弗莱（Haenfler）所指出的，作为一个社会亚群体的亚文化与主流文化的区别在于其背离正统的价值观、信仰、符号和活动，且通常萌发于年轻群体、时尚风格和音乐创作之中（Haenfler 2014:3）。

运动鞋之前从未被认为是一种主流时尚单品或者具有审美功能的足履品类，尤其是在"前乔丹时代"，但在相关爱好者群体中，运动鞋风格的孰优孰劣早已有着清晰的划分。随着时间的推移，运动鞋也逐渐开始具备了装饰性功能，这一点将在第三章和第四章中详细探讨。

在早期的青年亚文化研究中，反叛（deviance）和抵抗（resistance）是两个比较关键性的概念。他们塑造出了一种反对传统社会的亚文化，自身也边缘化为一个反抗主流文化的离经叛道群体。我们的社会之中存在着诸多不同的部分和元素，每一个都有自己的功能，这也是整个社会内部秩序井然的原因。但是，也有很多人无法通过大众可接受的传统方式来实现传统的社会文化目标，于是他们创造出一些独特的价值观和成就手段，形成一个关乎其自身的社群。根据罗伯特·默顿（Robert Merton）的应变理论（Strain Theory，1938），那些没有或者社会机会和实现传统社会目标的手段很有限的人会想出一些替代性手段去实现那些目标，有些甚至可能是反社会和非法的。这被看作是社会地位受挫的一种反应性行为（Cohen 1955）。

马克斯·韦伯（Max Weber，1968）认为社会阶级是具有特定生活方式的特定地位群体。索恩斯坦·凡勃伦（Thornstein Veblen，[1899]1957）和赫伯特·甘斯（Herbert Gans，1975）对社会阶层与文化之间的关系进行了阐述，他们认为诸如时尚这样的审美观并非来自选择，而是由个体所处的阶层所决定的。而早在 1961 年，库尔特·朗（Kurt Lang）和格拉迪斯·英格尔·朗（Gladys Engel Lang）就在《集体动力》（*Collective*

第二章
作为亚文化的运动鞋：从地下到地上

Dynamics, 1961）一书中进行过质疑，即公众的品位是否首先是被制造出来的，然后再通过有组织的渠道进行传播并加之于大众，以及即便在没有外界动力的情况下，情绪和生活环境的变化是否会导致观念出现广泛以及非理性的变化（1961:466）。他们以克里斯汀·迪奥（Christian Dior）1947 年的"新风貌"（New Look）为例，解释品味的集体变化是一种客观的趋势，其并非由组织有序的时尚产业所决定，而是取决于时尚本身那反复无常、不断被人们所抵制和接受的特性（Lang and Lang，1961）。

皮埃尔·布迪厄（Pierre Bourdieu, 1984）分析了绘画、书籍、食物和时尚等领域的品位观念。在时装方面，他提出了一些关于服装美学和功能组成的理论。对于工人阶级来说，服装仅仅具有实用的功能。根据布迪厄的表述，虽然这些服装也可能具有审美作用，但却是一种截然不同的美学风格，经常被统治阶级所摒弃。

关于球鞋、说唱音乐、涂鸦艺术等艺术的喜好也可以放在布迪厄关于阶级和品位的理论框架中进行讨论。布迪厄向法国展示了赫伯特·甘斯（Herbert Gans, 1975）在美国的发现，在文化消费之中，社会阶层的一致性差异是存在的，布迪厄认为人们的阶级地位、志向想法与他们的生活和消费方式密切相关。被布迪厄称为惯习（habitus）的基本社会环境与生活方式是决定个体品味的因素，这通常来自几代人的物质传承，也会来自社会化过程。惯习并非个体固有的，或者与生俱来的。

人们一再被暗示，富裕的统治阶级所保有的任何兴趣喜好都是正当的，都是正确的、优雅精致的。在第一波运动鞋浪潮期间，直到 20 世纪 80 年代中期，属于少数族裔年轻人的结构性机遇都非常有限和稀缺，直到他们在运动鞋亚文化中找到了让他们表达自己审美的机会。那些狂热的运动鞋收藏行为本身并不离经叛道，但也不是什么主流文化中的人会做或者很想去做的事，因为那些人能够采取常规的手段去获得地位和威望。亚文化者被认为是拒绝从众的，但他们却总是在寻找另外一个让他们可以顺应的群体，并找到替代的从众方式。

早在 1970 年，约翰·欧文（John Irwin）就曾指出：美国人开始意识到他们社会中的亚文化变革，并正在经历着亚文化相对主义（subcultural relativism，[1970]2005:76）。这一趋势在如今的时代进一步加剧，尤其是在纽约。人们的价值观和行为标准各有不同，不同文化和亚文化中的审美趣味也存在着差异，不存在哪种品味是绝对正确或者占据主导的。这与品味的好与坏或者优雅精致与否无关，因为品味的定义在每个不同的亚文化背景下都是不同的。

前乔丹时代的第二波运动鞋浪潮

第二波浪潮始于 1985 年新运动鞋系列 Nike Air Jordan 1（通常缩写为 AJ1）的发售，该系列以 NBA（美国职业男子篮球联盟）篮球运动员迈克尔·乔丹命名。这款鞋使得运动鞋现象彻底发生了改变，将运动鞋亚文化从地下带到了地上，球鞋爱好者群体因此变得更为受到关注。不少老球鞋爱好者对这种大规模的出圈感到失望，因为这个圈子的话语权因这种出圈已经从收藏者手中转移到了运动鞋企业的手中。篮球杂志《灌篮》（SLAM）的编辑本·奥斯本（Ben Osborne）写道（2013:9）："如今球鞋收藏圈的发展已经超乎我的想象，相信我，即便是最乐观的 AJ 品牌员工也绝对不可能预料到如今这一切。"

奥斯本进一步解释了运动鞋于全世界广泛流行现象的好坏之处（Osborne 2013）。过去的球鞋收藏家们并不认为现在的"鞋迷"是真正够格的，因为只有现在那些假"鞋迷"们才会把所有的可支配收入都花在买鞋上，然后在社交媒体上到处发布，并且不放过美国或者欧洲不同城市的每一个集会。但与此同时，随着运动鞋潮流扩散到世界各地，如果你有一份与运动鞋有关的工作，比如出版了一本运动鞋杂志，那你就会成为圈子的核心。无论一个人是否喜欢此时的运动鞋现象，整个运动鞋市场都已经发生了巨大的变化，因为我们已经进入了第二波，甚至是第三波运动鞋浪潮之中。

耐克、篮球，以及迈克尔·乔丹

不是所有的运动鞋爱好者都是篮球迷，但是那些选择穿耐克 AJ 球鞋的人往往都是。Air Jordan 是迈克尔·乔丹的签名鞋系列，乔丹是前美国职业篮球运动员，1984 年他加入了 NBA 芝加哥公牛队，后来又加入了华盛顿奇才队。高效的得分能力使他成为 NBA 的超级巨星，因为弹跳极好，他赢得了一个绰号——"飞人乔丹"（Air Jordan）。在 1991 年、1992 年和 1993 年，他随芝加哥公牛队连续三年获得总冠军，之后他突然退役，但又在 1995 年复出并重新加入公牛队，并再次带领球队在 1996 年、1997 年和 1998 年获得总冠军。1999 年他第二次退役，但又在 2001—2003 年重返 NBA 效力于华盛顿奇才队两个赛季。[11]

耐克最初以 250 万美元的价格与乔丹签订了 5 年的球鞋合同，但在第一年就很意外地赚了 130 万美元。1984 年，乔丹开始在篮球场上穿着自己的签名球鞋，这双鞋独特的颜色搭配吸引了篮球迷们的目光。第一双 AJ 是黑红配色的，因为违反了 NBA 的颜色规定，联盟禁止球员穿这双鞋登场，但乔丹仍然不顾规定穿着这双鞋上场了三次，可正是这种不遵守 NBA 规则的叛逆和反对循规蹈矩的姿态反而让乔丹的球迷和球鞋收藏家们更喜欢他的球鞋了。耐克抓住了这个机会，他们不惜每一场比赛都给乔丹支付 5000 美元的罚款，通过大肆宣传 NBA 对这双鞋的禁穿来制造声势。

AJ1 代是唯一一款使用了耐克 swoosh（最容易识别的耐克钩标志）的 AJ 鞋型，它也拥有 AJ 系列中最多的配色，一共有 23 种，这双鞋还配有两套鞋带来搭配不同的颜色。由于 AJ1 惊人地大卖，AJ 开始每年都生产一大堆有不同配色和设计的新鞋，这给了收藏者们一直购买新鞋的理由（图 2.3—图 2.5）。从 1988 年的 AJ3 开始，AJ 系列开始使用标志性的飞人 LOGO。

AJ 系列在全球范围内创造了一种主流意识。随着 AJ 的出现，运动鞋开始慢慢受到大众的关注，正如一位鞋迷对我说的那样："看乔丹在比赛中穿哪双鞋是很让人兴奋的，就像看他打篮球一样。"

在迈克尔·乔丹之前也曾有过著名运动员为球鞋代言的先例，但从来没有哪一次像这样成功过，乔丹就像是力量、地位、财富以及一个男孩一生中要努力实现的一切的化身。到目前为止还没有哪一个球员的品牌能与去年销售额达到 25 亿美元的耐克 "Air Jordan" 品牌相比。根据普林斯顿零售分析公司（Princeton Retail Analysis, Glickson 2014: A3）的数据，从大数上来看，耐克运动鞋的总销售额为 210 亿美元，其中篮球运动鞋的销售额占到了 45 亿美元之多。（Glickson 2104:A3）

运动鞋行业也慢慢开始意识到，运动鞋爱好者们同样青睐一些绝版的老版本，于是他们开始制作"复刻"款式（retro），即在设计上做了一些小改动的经典老版本运动鞋，这比推出新款更为容易、更为高效，风险也更小。主流的运动鞋企业在产品营销上都非常聪明，他们把一群运动员包装成超级明星，并同时将他们的运动鞋包装成一种新的生活方式来进行推广，甚至连 NBA 也和他们的球员一起成了一个品牌象征。

"红色"的历史性意义

很多顶级球星和说唱歌手的设计里都有各种名字的红色版本，诸如椰子 2 代"红十月"、耐克哈达威便士 5 代"红鹰"、耐克科比 8 代"红迷彩"、耐克詹姆斯 10 代 EXT"红丝绒"PE、AJ4"红十月"，以及尤因 33Hi"红丝绒"等等。

在鞋类研究史上，红色是一个非常具有意义的颜色。17 和 18 世纪欧洲宫廷之中使用的红色高跟鞋是身份高贵和地位尊贵的象征。尽管如今我们认为红色的鞋子和鞋底都是女鞋的专属，但在那时，红色的鞋却特别为社会顶层的男性所青睐。例如，明亮的红色高跟鞋非常受到法国国王路易十四的喜爱，在其统治期间，已经是一种时尚的红色高跟鞋又变成了政治特权的一种规范表达：只有那些获准进入法国宫廷的人才有资格穿红色高跟鞋（Boucher 1987: 305; Semmelhack 2011: 225）。

希拉里·戴维森（Hilary Davidson）在其关于红色鞋履的著作《性与罪：红鞋的魔力》（*Sex and Sin: The Magic of Red Shoes*，2011: 272 289）之中解读了红鞋之中所蕴含的社会力量：

红鞋之中所蕴含的那强有力而又模糊的元素赋予了其复杂的象

征力量。历史上，红鞋代表着特权、财富和权力，这与茜草、玉米、胭脂虫和紫胶等红色染料昂贵的成本有关。穿红鞋最初是罗马元老的特权，后来则特属于皇帝。从 13 世纪开始，教皇就开始穿红色的衣服，爱德华四世和亨利八世在下葬时也都穿着红色的鞋子，这象征着他们的无上权力。在 17 世纪，路易十四穿的红色高跟鞋成为国王神圣权力的象征。基于对贵族着装的模仿，到了 18 世纪，红色鞋子已经成为一种令人渴望的时尚标志。那些红鞋用优质的红色摩洛哥皮革制成，其高昂的成本和精湛的做工意味着这是一种地位的象征。(Davidson 2011:274)

接着，戴维森谈到了安徒生 1845 年小说《红舞鞋》(*The Red Shoes*) 之中关于红色鞋子的文学典故，并将安徒生红鞋的意象与性、魔法以及性别联系起来。这个故事讲述了一个可能由一双红色鞋子所引发的狂热行径和女性的性自由。(Davidson 2011: 288)[12]

新运动鞋技术的诞生

新是时尚最为重要的特征之一，没有哪种亚文化像运动鞋这样，其成员是如此热切地追求新事物（见第四章）。不仅仅是消费者，运动鞋制造商也在竞相开发最新的运动鞋技术。运动鞋亚文化是由消费者和生产者所共同形成的，他们为了获得在各自群体里更高的地位而进行着公开的竞争。他们都想获得最好的、最新的、拥有最先进技术的运动鞋，不仅仅在鞋的设计上或者新颖的鞋面图案上，鞋内部搭载的技术也要与众

第二章
作为亚文化的运动鞋：从地下到地上

不同。随着运动鞋亚文化走向大众并广泛传播开来，其中的竞争也开始变得愈发激烈，运动鞋企业的这些技术为爱好者们提供了互相攀比的理由，他们迎合着爱好者们的胃口，使爱好者们乐此不疲地沉浸于这个游戏而不知厌倦。当我们追溯早期运动鞋发明和球鞋公司的发展历程时，运动鞋中那些用来达到最佳运动表现的鞋内结构和技术的发展也一直是被关注的重点。

运动鞋与硫化技术的发明

沃克（Walker）在他的著作《运动鞋》（*Sneaker*, 1978）中详细介绍了运动鞋的发展历程，书中他提到纽约的韦特·韦伯斯特（Wait Webster）在 1832 年获得了将橡胶鞋底粘在靴子和鞋子上的专利（Walker 1978:15），但此时的鞋子仍然不太牢靠，鞋底很容易被撕开。经过多次尝试和实践，查尔斯·固特异（Charles Goodyear）研究出了一种更为牢靠、坚固和稳定的技术，他进一步优化了韦伯斯特的专利并发明了硫化工艺，即将橡胶和布料熔化黏合在一起的方法。根据韦氏字典词条，硫化是对天然橡胶或合成橡胶以及类塑料材料进行化学处理，使其具有弹性、强度和稳定性等实用特性的过程。固特异在 1844 年为这一工艺申请了专利，这一技术突破使得橡胶底鞋得以被发明出来，也因此彻底革新了运动鞋行业。这种硫化物一般会被制成具有花纹设计的鞋底，因此，固特异也被称为运动鞋之父。

同样，英国的运动鞋公司也不断寻求制造出更好的运动鞋。1890 年，英国博尔顿公司（现在的锐步）的创始人，同时也是一名跑步爱好者的约瑟夫·威廉·福斯特（Joseph William Foster）在帆布鞋的底部添加了鞋钉，发明出第一款跑步钉鞋。到 1905 年，他开始出售这款命名为 Fosters Running Pumps 的运动鞋。后来福斯特将自己的公司命名为 J.W. 福斯特父子公司（J.W. Foster and Sons），他的孙子在 1958 年接管了公司，并将其改名为"锐步"（Walker 1978: 15）。

1916 年，固特异和仅有三十名员工的美国橡胶公司决定一起生产一款完全使用橡胶制成鞋底的鞋，这款鞋名为"Keds"，这是第一双真正的胶底运动鞋，也是现代运动鞋的早期形式。Keds 推出了名为 Pro-Keds 的运动鞋系列，这一产品系列主要面向篮球运动员，后来这个鞋款的名字也成了这家公司的名称。后来，这些运动鞋以胶底"运动鞋"（sneaker）而广为人所知，因为它们的鞋底是橡胶制成的，可以悄无声息地"潜行"（sneak）靠近别人。

与此类似地，匡威在 1917 年也开发出了他们的篮球鞋，这款鞋最初名为全明星（All Star），后来改名为匡威全明星查克·泰勒系列（Converse All Star Chuck Taylor），这也是一双专门为篮球运动员制作的球鞋。查尔斯·H. 泰勒（Charles H. Taylor）曾是阿克伦火石队（Akron Firestones）的一名篮球运动员，后来加入了匡威的销售团队并到全国各地去向篮球运动员们宣传这个产品。1923 年，他开始参与鞋子的生产和设计，这款称为"查克"（Chuck）的篮球运动鞋最初只有黑色版本，然后又推出灰白色版本，再后来陆续出现了各种各样颜色新颖的款式。All Star 系列自发售起就一直广受欢迎，到了 1968 年，匡威已经占据了 80% 的运动鞋市场（Heard 2003: 42），并且泰勒本人后来也入选了篮球名人堂，到 1997 年，匡威已累计售出了 5.5 亿双全明星球鞋。匡威创造了"足部超跑"这个词，用来形容球星代言带来的名气、优越感以及地位等给球鞋增加的附加价值（Gill 2011:377）。

20 世纪 80 年代之后的运动鞋科技竞争

各大运动鞋公司持续地提高着他们的运动鞋制造技术，源源不断地生产着各种运动鞋。在 Air jordan 系列推出的前后，Nike 还先后生产了其他多款广受欢迎的运动鞋，并且不断开发和升级着球鞋内部的新科技。随着爱好者之间的竞争变得越来越火热，运动鞋技术的竞争也变得激烈起来。

在这一波技术竞赛中，耐克率先推出了性能强大的运动鞋。早在 1974 年，耐克的创始人之一、前田径教练比尔·鲍尔曼（Bill Bowerman）就尝试着往他妻子的华夫饼机中倒入化学橡胶去制作鞋底，这催生出了后来的 Nike waffle 运动鞋。1979 年，耐克首次在 Tailwind 系列中使用气垫系统，这也是第一双拥有专利的气垫缓冲运动鞋。而后这项技术被应用于 Air Force 1 系列和 Air Ace 系列中。1982 年推出的 Nike Air Force 1 一经问世就受到了消费者的热烈追捧，这个系列在中间停产了几年，到 1986 年又重新生产（图 2.6）。AF1 系列的名字来自美国总统的专机，加西亚（Garcia）讲述了他对这双鞋子的第一印象：

> 老实说，第一眼看我还以为这是双登山鞋。我从未见过哪双棒球鞋有这么厚的鞋底，对于像我这样经常在外边打球的人来说真像是梦想成真一样。这鞋的鞋跟舒适度无与伦比，皮革厚得不得了，但却仍然很柔软，穿上它我依然可以很灵活地移动。而且脚踝部分的填充物同样也很致密。（Garcia，2003:119）

AF1 是一双简洁无装饰的白色运动鞋，呈现着一种极简主义的美学理念，正如魏因施泰因（Vainshtein, 2009:94）指出，服装上的极简主义是一种低调的标志，凸显着功能至上和不施修饰的简洁构造理念。

　　1987 年，加利福尼亚的发明家马里昂·弗兰克·鲁迪（Marion Frank Rudy）提出在鞋底内冲入空气来使鞋获得更好的性能，他向耐克提出了这个想法。耐克在 Air Max 1 中采用了这项技术，这也是首次在运动鞋中使用聚氨酯封装加压气体的气垫技术的案例，且 Air Max 也是第一款采用可视气垫的运动鞋（图 2.7）。之后在 1995 年 Nike Air Max 95 发布，这一次鞋上的空气单元暴露在鞋的前头，和 Air Max 360 环绕四周的气垫又有所不同。1995 年耐克推出了 Zoom Air 技术，其气垫比 Air Max 要更轻，穿着者能感觉到脚部更加贴近地面。1997 年，Air Foamposite 作为球星"便士"哈达威（Penny Hardaway）的签名鞋亮相，这双鞋此后还多次以不同的颜色和设计复刻发售（图 2.8—图 2.11）。

　　到 21 世纪，耐克在技术开发上变得更为积极。2000 年，麦克·艾文尼（Mike Avenie）设计了 Nike Air Woven，这款鞋外观看起来像篮子编织一样。Air Woven 在东京首发，之后是伦敦和纽约，每个国家发售的配色都不相同，这意味着要想获得一种特定的配色就需要飞到那个国家去，或让那个国家的人邮寄过来。2004 年，一款非常轻便的运动鞋 Nike Free 推出，其穿着脚感就如同赤足一样。2008 年，在美国国家航空航天局（NASA）的支持下，耐克推出了由有弹性和轻质材料制成的"登月系列减震泡棉"（Lunarlon Foam），这款鞋又被称为"Lunar"。此外还有发售于 2010 年的 Hyperfuse 技术，这是一种网状材料和薄塑料层的结合，是一种超轻的运动鞋技术。再到 2012 年，由轻质无缝针织面料制成的

Flyknit 问世（图 2.12）。耐克不断突破着技术的界限，这也正是其能够吸引球鞋爱好者的原因，因为这种技术的游戏永无止境。

虽然在目前的技术竞争中耐克处于领先的地位，但锐步也曾在 1989 年开发了具有内置充气装置且在鞋身上也装有气囊的运动鞋科技，这和耐克的鞋底气垫设计很不一样。这项技术后来也在不断发展，1994 年锐步推出了 Reebok Instapump 并大获成功。这双鞋没有鞋带，通过充气气囊来贴合脚部。第一双 Instapump 被设计成黄色、红色和黑色混合的霓虹配色，其鞋底设计也有所变革，从传统的全长鞋底改为在鞋底中间有一个大凹陷，同时这双鞋还使用了弹性材料来提供更好的足部契合度。这款没有鞋带的运动鞋是一个很有创意的想法，穿着者只需按下气泵的橡胶按钮，鞋舌就会充气膨胀来适应穿着者的脚。Puma 在 1992 年也开发了一款类似的鞋，名为 Puma Disc Blaze，这双鞋同样没有鞋带（图 2.13）。Asics 推出的亚瑟士凝胶（Asics Gel）则是一款在鞋内使用了柔软凝胶状化合物的运动鞋，这种材料可以吸收冲击力。阿迪达斯后来也推出了 Boost Foam，鞋中使用了革命性的新泡沫缓冲材料。

虽然 Vans 在运动鞋业界的影响力不如耐克、彪马、阿迪达斯等品牌那么大，但这个品牌也因专门为滑板爱好者设计运动鞋而拥有一批忠实的粉丝顾客。Vans 滑板鞋的鞋底很厚，能制造出很大的地面摩擦力。Vans 创始人保罗·范·多伦（Paul Van Doren）的儿子史蒂文·范·多伦（Steven Van Doren）说（引用帕拉迪尼 2009: 14）：为了让这双鞋与众不同，他 [保罗·范·多伦] 把鞋底做得很厚，这样它们的使用寿命就会更长。他设想使用纯橡胶来做鞋底而不像许多其他鞋类制造商一样掺和使用填充物，这个决定最终改变了我们的公司，滑板爱好者们开始逐步认可了我们现在那著名的橡胶鞋底。Vans 鞋的流行对其他生产类似鞋的公司产生了重大影响，耐克推出了"Nike SB（Skateboarding）Dunk"系列，这款鞋在滑板鞋中又增加了厚实的鞋舌。主流的运动鞋公司持续竞争、互相借鉴，并持续推出新的技术构想。

强化联结的亚文化争议

引起骚动、激烈辩论和各种争议的运动鞋并不少见。这些鞋的名字和设计对某些群体来说可能是无礼的、侮辱性的和贬低性的。但具有讽刺意味的是，当关于新鞋的争议出现时，推特和 INS 上往往会有激烈的讨论，这些讨论反而在不知不觉中加强了运动鞋爱好者之间的联系。本特森（Bengtson）在网上写了一篇文章《关于运动鞋的 25 件最具争议之事》（*The 25 Most Controversial Things that Ever Happened in Sneakers*）[13]，文中列出了一些对公众和球鞋爱好者而言有所争议的运动鞋。

2012 年，杰里米·斯科特（Jeremy Scott）给阿迪达斯设计的一双带脚镣的新运动鞋在社交媒体上引发了轩然大波。这款产品原定于 2012 年 8 月上市，但阿迪达斯后来决定取消发售。关于这双鞋网上有激烈的讨论，因为这让某些特定的种族群体想起了奴隶制。美国民权活动家、浸礼会牧师杰西·杰克逊（Jesse Jackson）称这是一双奴隶鞋，并发表了以下评论：

> 根据宪法，黑人占有全国近五分之三的人口，用近 200 年的黑人剥削历史去博取利润、追逐潮流，这无疑是无礼的、骇人听闻的和

斯科特解释他是从自己的毛绒玩具收藏中所获得的灵感，并在网上发布了玩具的照片。虽然他个人从未对此亲自道歉过，但阿迪达斯还是取消了这款产品的发售。阿迪达斯还曾在 2006 年面临过另一场争议，当时一款运动鞋的鞋舌上印着一个亚洲人的卡通形象，这被亚裔美国人指责为是种族主义。这个形象是漫画家巴里·麦吉所创作的，他是中国人和白种人的混血，他解释说这张脸是他自己年轻时的形象。这双鞋最初作为限量版发售，仅仅生产了 1000 双，但即便如此，后来没有售出的存货也都被下架了。

耐克也曾出现过类似的争议。1997 年，耐克推出了番茄酱和芥末混合配色的 Air Berkin，鞋跟上还有一个形似阿拉伯语"安拉"的标志，这在穆斯林社区中引起了巨大的反响，后来这款鞋被耐克召回，并被耐克的 logo 替换了鞋跟上的图案。同样，2009 年推出的"Air Jordan XII Retro Rising Sun"的鞋垫上有类似日本帝国主义象征的图案设计，对于曾被日本侵略过的中国人和韩国人看来这是一种冒犯，后来耐克决定用一个其他的简单设计来取代这个图案。2012 年，Nike SB Dunk Low Black & "Tan" 发售，其意义为纪念圣帕特里克节，其以一种用健力士黑啤和香草酿造的爱尔兰啤酒"Black &Tan"命名，但这个名字也是英国政府曾经雇佣的一个武力镇压爱尔兰人军团的名字，所以对爱尔兰人来说这个名字有无礼之义，但耐克还是决定继续发售这一款式。

此外，匡威也在 2003 年发布了一款名为"Loaded Weapon"的运动鞋。这是 NBA 篮球明星拉里·伯德和"魔术师"约翰逊在 1985 年穿过的一款"Weapon"球鞋的复刻版。但恰好就在 2003 年一些 NBA 球员刚因非法持有武器而被捕，所以人们觉得这个名字可能会煽动运动鞋爱好者滥用枪支暴力。对此匡威解释说，"Loaded"是这双鞋鞋垫的名字，而"Weapon"则指的是这双运动鞋的元年版本，并继续售卖这款运动鞋。

到底这些有争议的设计是有意还是无意的我们不得而知，但由于第三波运动鞋浪潮的传播极其迅速，它们必然会在社群之内引起骚动。具有讽刺意味的是，正是这些问题、议论、危机和争吵才把人们联系在了一起（Durkheim1897）。因为这样我们才能作为一个集体去尝试解决一些问题、克服某个危机，并以一个共同的目标朝某个方向努力。随着社交媒体的普及，球鞋爱好者们在推特和 INS 上进行着讨论、辩驳和争执，他们相互之间的联系也因此更加紧密。

结语

20 世纪 70 年代，球鞋爱好者群体以地下的身份创造了偏离主流、属于他们自己的运动鞋审美和价值规范。但随着新运动鞋的不断出现，运动鞋收藏的过程和结构机制发生了变化，它虽仍然是一种以鞋联结人的亚文化，但却已经从地下走到了地上。青少年们对于运动鞋的追捧成了获得同辈尊重的一种竞争，与此同时，运动鞋公司继续推出新的款式，这样这运动鞋的追逐游戏才能持续下去。在过去，运动鞋亚文化的捍卫者是收藏家们，但随着运动鞋产业开始意识到年轻人们对于这种炫酷时尚的东西大感兴趣，运动鞋企业开始在亚文化中占据主导的地位，他们也为这种亚文化的赓续绵延做出了贡献。

3

第三章

象征男性气质的运动鞋：足上的男子气概

Sneakers as a Symbol of Manhood:
Wearing Masculinity on Their Feet

　　如第一章所述，鞋具有社会和文化上的意义。同时，鞋也一直是一个强有力的性别标识，有着清楚无疑的性别区分。在现代的民主社会环境之中，虽然服装也有一些性别差异特征，但服装在两性之间的界限通常被认为是很模糊的，一些时装设计师如拉德·胡拉尼（Rad Hourani）和特尔法·克莱门斯（Telfar Clemens），并不希望将他们设计区分为男装或女装，他们认为服装可以而且应该是无性别、男女同款的。但是在历史上以及近现代时期，鞋子却是男女有别的，女人穿高跟鞋和女士凉鞋（sandals），而男人则穿系带皮鞋和运动鞋，不同的鞋让人联想起不同的身份形象。我们很少听说两性的鞋子可以互换穿，因为鞋是最能体现性别身份的地方，且两性的鞋在功能上也存在着不少差异。

　　本章着眼于鞋类和运动鞋亚文化的性别组成，因为当代的鞋类是一

88

SNEAKERS

种性别化的物品，它在两性的性别以及各自社会含义之间划出了清晰的界限。当讨论当代鞋履时，通常女性鞋类和女性足部是最为重要的话题，女性的高跟鞋作为一种性别化的物品，虽然没有特别强的功能性，但却非常美观，而且时常带有某种色情意味，因此备受关注。相较而言，运动鞋则是一种几乎未曾被施以过任何恋物倾向的男性鞋类，这种鞋似乎只有实用元素，而且被认为不值得讨论。然而，就像高跟鞋是女性气质的终极象征一样，那些限量版运动鞋也代表着男性气质。鞋子是能显示性别差异最为重要也最为复杂的标志之一，传递着种种或具有欺骗性、迷惑性或诱惑性的难解信息（Steele 2011: 270）。虽然斯蒂尔主要谈论的对象是女鞋，比如细高跟鞋（stiletto）或者靴子，但这一观点同样也适用于运动鞋。和西方许多其他亚文化一样，运动鞋亚文化主要是属于男孩和青年男性的文化，女性在当中的地位是次要的。大多数的运动鞋都是为男性所设计并卖给男性，女性在款式和尺码上的选择较少。虽然追求装饰和自我展示一直是属于女性的领域，但运动鞋与运动的密切关联以及爱好者们对运动鞋科技的青睐使得其成为男性的专属。没有哪种亚文化像运动鞋亚文化这样以某种服饰部件为界，比如女性高跟鞋爱好者就没有像运动鞋这样形成其亚文化。虽然朋克族也会以破洞裤子和扣针或者是穿皮夹克的摩托骑手为标志，但服饰并不是朋克群体产生归属感的主要原因。亚文化理论家解释说，青年亚文化一般是某种属于男性工人阶级的现象，但我认为，今天的运动鞋亚文化成员已未必全都是来自工人阶级的，虽然在第一波运动鞋浪潮中的确如此。但是，运动鞋亚文化肯定是一种男性的时尚现象，"性别"是个体最为重要的、且不断被强化的社会变量之一，运动鞋这种物品被用来表现强烈的男性气质，虽然男性气质与时尚可能是完全对立的两个概念（见第四章）。马格尔顿和魏因齐尔指出，CCCS 的葛兰西学派符号学方法的"知识霸权"概念似乎处于更高级的消解阶段（2003:5），但我认为，男性气质"霸权"的概念在运动鞋亚文化之中恰如其分。通过实地考察以及与球鞋爱好者面对面互动与交流，我从社会学的角度对球鞋亚文化的男性主导特性是为何、如何被建立和延续，以及其具体过程等问题进行了考察，比如球鞋收藏和交易，比如利用各种社会资本去追求最新款限量运动鞋，以及最新的球鞋科技，等等。经由以上这些研究，我们可以重新审视作为服装和时尚研究之中一部分的运动鞋亚文化之中的性与性别观念。研究服装和时尚的学者们一致认为，人类穿的鞋并不是一直有性别区分的。关于鞋的性别区分开始于何时说法不一，但 18 世纪分别存在女鞋鞋匠和男鞋鞋匠这个史实表明，鞋是绝对有性别差异的。

> 男鞋和女鞋的生产需要不同的制造工艺，因为这两种产品本质上就是不同的。男鞋一般都是用皮革制成，而女鞋上则有丝绸、缎子、布料以及织锦等材料。同样的道理，直到 20 世纪才被男性开始使用的靴子上也表现出了类似的性别差异。(Riello 2006:35)

类似地，苏·布伦德尔（Sue Blundell 2011）认为，早在古希腊时代，鞋的性别差异就已存在，古希腊历史学家和哲学家色诺芬（Xenophon，430-354 BC）就曾提到过有专门制造男鞋或女鞋的不同鞋匠。比起反映财富和地位，鞋子的种类更能反映出性别的差异（Blundell 2011:35）。沃尔福德解读了服装和鞋子之间的关系，她提到在 14 世纪之后，鞋子成了一个明显的性别标志：

> 直到 14 世纪，男女鞋和服装还都是类似的。鞋子一般都是平底的，鞋头呈杏仁状。虽然尖头鞋也在 11 世纪就已问世，但过于造型夸张的尖头鞋那时还比较少见……然而到 14 世纪中期，由于男性的服装变得更为短而紧凑，没有衣物遮盖的鞋子也因此完全暴露在人们视野中，这也使得鞋子成了装饰的重点。男士的鞋开始变得越来越长，那种鞋尖向前突出几英寸的款式在英国被称为"crakowes"，在法国则被称为"poulaines"。(Walford 2007: 11)

各种各样的历史记载和学术研究表明，普廉尖鞋显然是一双男士鞋履。西方社会和非西方社会的文化上都强调着两性之间的差异，这表现为女性穿裙子和高跟鞋，男性穿长裤和运动鞋，通过这种方式，两性之间体现出了明确的区别。欧文·戈夫曼（Irvin Goffman）那具有开创性的文章《性别广告》（*Gender Advertisements*，1979）曾以 500 个广告和新闻照片为样本，提出了一种社会建构论式的方法来研究性别差异。文中戈夫曼谈到了性别差异的互动表现，他称之为"性别展演"（gender display），他还认为，生理差异不应成为社会或文化差异的缘由，之前这一观点是很多性别学者所一致认同的。根据戈夫曼（1979：8）所说："对于性别的描述存在着一个清单……两性之间有的仅仅是编排表演其关系的行为迹象。"社会环境迫使、促进，以及鼓励着人们按他们各自的性别剧本去表演，其中就包括要如何穿着成一个男性或女性的样子。通过这种方式，两性各自的性别身份也因此被创建出来，而这种身份即体现于服装和鞋子之上。总而言之，代表着性的性别身份于大众而言不应是那样难以理解的。同样，性别研究专家迈克尔·坎摩尔（Michael Kimmel）也认为对于性别的关注通常局限于女性经验和视角，实际上应该要同时兼顾男性和女性的视角（2012）。从社会整体的角度而言，尽管两性之间的共同点其实多于差异，但人们关注的更多是性别之间的差异而非相似之处，而这些差异之处往往就体现于服装和所穿鞋履之上。坎摩尔的观点指出了性别不仅仅是个体身份中的一种元素，更是一种社会建构的、随着时间的推移而不断再生的制度性现象，男性和女性各自扮演着他们在服装性别操演之中的相应角色。

高跟鞋：自由的男性和被禁锢的女性

关于当代鞋类的文献大部分讨论的对象都是女性鞋履，尤其是高跟鞋。但史料表明，高跟鞋最初是男女皆穿的。斯旺（1982：7）回顾了欧洲鞋类的历史，根据他的说法，可能演变自威尼斯式萧邦厚底鞋的高跟鞋在 16 世纪晚期出现于欧洲。有跟鞋起源于西欧，但波斯、奥斯曼、克里米亚鞑靼、波兰和乌克兰哥萨克以及印度莫卧儿等地的人穿着不同样式的有跟鞋，它们很有可能给高跟鞋的设计带来了一些灵感。虽然学者们对于高跟鞋的确切起源一直争论不休，但包括伊丽莎白·赛默哈克（2011：225）和菲利普·佩罗（1996：7073）在内的不少专家都认为，到 17 世纪早期及中期，高跟鞋已经成为财富、生活风尚和社会地位的一种象征。上流社会的男女老少都穿高跟鞋，相比之下，由耐用的皮革制成鞋面的圆头低跟鞋则是社会地位低下的标志（Riello 2006: 63）。

不过，男式的高跟鞋是有其实际作用的，麦克道尔对高跟鞋的功用进行了解读：

> 骑马，无论是作为休闲娱乐还是交通工具，一直都是男性的特权，这也对男性鞋后跟的设计产生了相当大的影响。穿高跟鞋可以让男性把脚固定在马镫上，并在骑马时帮助驾驭马匹。如果鞋跟太短太细，就没法发挥出这种效果，因为太容易折断了；而如果太长，穿着者走路又会困难。所以男性高跟鞋的设计反映了实际的需求；它们必须是两用的，既适合骑马，又能够步行。(McDowell 1989:11)

此外，麦克尼尔和雷诺士（2011c：95）也重新审视了与鞋类相关的性别及阶层观点。此前许多观点认为在工业革命之前，男性和女性都同样会穿样式精美的高跟鞋履，他们认为这种看法是一种误解。麦克尼尔和雷诺士分析，18 世纪上半叶那肮脏不堪、布满垃圾的街道环境导致了鞋履出现性别差异。雷诺士如此表述：

> 性别差异不仅仅意味着不同的鞋履结构、形式和材料上的功能性差异，而且经常是以鞋为媒介来进行协商和呈现的一个主题 (Riello 2006：87)。

19 世纪初，女性越来越被限制在私人空间里。公共街道和户外空间成为男性专享的活动场所。作为"家中天使"（angels of the house）的女性由于穿着小巧的丝制鞋履，行动更加受限。这种女性气质的"驯化"

与"两分领域"(separate sphere)文化观念的兴起不约而同,在此情形之下,妇女越来越被排除在公共生活之外。(Riello 2006:89)

因而,男性的鞋子总是具有实用性功能,即便男士高跟鞋也不例外。相比之下,女鞋则会让女性行动不便。这说明,如果功能性和流动性是男性鞋类的主要特征,那么没有什么鞋比运动鞋更有"男性气质"了。

鞋的性别差异彰显着男性权力,男女在力量和地位上的社会差异通过鞋类表现出来。特拉斯克(Trasko)解释说:

> 几个世纪以来,鞋子都在体现着社会权力,鞋子象征着男性对女性的权威,限制着女性的行动,以此来奴役女性。在一些婚礼仪式上可以清晰地看到这种象征意义。例如,在中世纪,父亲对女儿的权威通过女儿鞋子的给予来传给她的丈夫,在一些情况下,新郎也可能会递给新娘一只鞋子;以这种方式来表明,这位新娘已经成了新郎的个人私有物。(Trasko 1989: 12)

包括高跟鞋、长裙乃至长发等在内的女性妆发服饰的实用功能很少,也使得女性变得自由行动不便,这在父权社会之中标志着"女性气质和优雅"。凡勃伦说,早在19世纪晚期:

> 比起男性的高帽,样式风格优雅的女式帽子使得穿戴者更加难以从事劳作。在女士的鞋上还会安上所谓的法式高跟(French heel),闪亮崭新的光泽表明穿着者过着优越而闲适的生活;高高的鞋跟和鞋

子往上的裙子和其他衣着服饰部件一样，显而易见地彰显着女性服饰的特征。而我们对裙子的执着依恋的根本原因则是：它不仅价格昂贵，而且一旦穿上它之后，每一次转身都要大费力气，穿着者也因此几乎无法从事什么运动。以及同样地，女性佩戴的长假发也是这个道理。(Veblen [1899]1957:171)

联结亚文化成员的男性物质实体

许多亚文化理论家特别是那些遵循 CCCS 研究传统的研究者们尤其关注于某些特定亚文化群体的外观和风格。赫布迪奇（Hebdige）对朋克亚文化进行了符号学分析，他谈到了朋克族们所使用的物品与传统相比具有如何不同的含义：

别针、塑料衣架、电视零件、刮胡刀片、卫生棉条——这些东西都能被纳入朋克时尚的范畴之中。只要其"本质"与建构出来的语境之间的断裂依然可见，那么所有合理不合理的东西就都有可能变成维维安·韦斯特伍德（Vivienne Westwood）所说的"对抗着装"(confrontation dressing) 的一部分……那些来自最为肮脏环境中的物品在朋克服装中也有其一席之地：马桶链以优雅的弧线垂挂在胸前，穿戴者的身上还套着垃圾塑料袋。安全别针也脱离了它们原本的家用环境，作为一种骇人的饰品戴在耳朵或嘴唇上。(赫布迪奇 1979：107)

同样，在《重新思考亚文化商品：重金属 T 恤文化的案例》(*Rethinking*

the Subcultural Commodity: The Case of Heavy Metal T-shirt Cultures 2007:64）一书中，安迪·布朗（Andy Brown）研究了重金属 T 恤的商品化过程，这对以金属音乐为核心的青年文化有重要的意义，他还对商品化生产的重金属风格 T 恤的强烈市场需求现象进行了研究，这些 T 恤在青年文化身份和体验形成之中起到了作用。重金属 T 恤使得重金属青年团体成员能够把自己和其他群体区分开来，就像许多其他亚文化中那些非正式的着装规范一样。布朗写道（2007：72）："重金属 T 恤有着不同于其他 T 恤风格的强烈'大男子主义'和'排他性'。"然而，在赫布迪奇和布朗所研究的这两个案例之中，服装或风格只是这些群体表达亚文化意识形态和价值观的手段，这些群体并非一开始就因某个物件或风格才聚集在一起；在凝聚成员上，衣着并未起着主要作用。

对于运动鞋的狂热爱好者们而言，他们是因运动鞋才展开互动和社交的，他们的价值观、信仰、行为规范和态度都围绕着运动鞋为中心。在第一次运动鞋浪潮中，运动鞋还属于嘻哈文化中的一部分，彼时这种嘻哈的穿着方式是反主流情绪、挫折、愤怒或仇恨等种种情绪的表达，但随着嘻哈文化走进大众视野，其所传递出的社会信息就开始了转变。此时的运动鞋不再是一种反抗的象征，而是一种想要成为人生赢家的精神象征，就跟那些穿着重金属风格 T 恤的人一样，因为这看起来很"酷"（Brown 2007）。当亚文化开始商品化时，亚文化之中的物品就有可能转化为一种"时尚"。那些重视亚文化边缘感的人非常反对这种情况，因为他们希望能够一直保持边缘感。不过，无论运动鞋在全世界是多么广泛地传播流行着，有一个始终隐藏在运动鞋亚文化背后的潜在信息是，它坚定地保持着性别区分，而且始终被绝对地掌控着。

运动亚文化之中的男性气质探索

与性、性别和性取向有关的宏观社会结构是由个体微观层面的生活实践所组成的（Mills 1959）。在社会科学学科之中，性和性别是各自作为单独的概念的，尽管人们经常把它们互相换用，好像它们意思一样似的。R.W. 康奈尔（R. W. Connel）如此评价：

> 对许多人来说，即便只是将这种性别模式视为是社会化的结果都是一种冒犯之举。只有将性别视为是"自然形成"才会比较让人容易接受，这样，个体所具有的女性气质或男性气质就成了抵御自然威胁的一种证据。大体上来说，是西方的那些知识分子们助长了这种借口，从马克思主义到功能主义和系统论，这些理论无不把如今这种性别模式视为是理所当然。(Connel 1987: 17)

正如康奈尔所言，男性气质并非拥有男性器官与生理特征的个体自然所拥有的，而是一种社会建构出来的观念和实践，一种从"性别建构"角度出发，并确保个体习得恰当的性别认同与行为的复杂社会化过程系统，也正是我们对于社会和文化规则的这种学习才使得社会化与社会秩序的建立成为可能。性是生物学上的概念，而性别则是文化和社会学上的概念，它们之间并无内在的联系；性别是性的一种表达，两者并非生而相关。

当代关于性别的研究一再向我们证明，性别等级以及关于男性和女性的刻板观念是人为形成和再生产的。与此同时，随着努力消除性别障碍的尝试也在不断出现，这也当然意味着很可能会同样存在努力维持性别障碍的相反尝试，运动鞋亚文化正是那些加强传统男性品质、排斥女性的群体之一。

亚文化不仅排斥女性，而且还认为女性在其社群形成的过程中可有可无、不甚重要。赫布迪奇指出（1988：27），在对城市青年的图像资料研究和亚文化社会学叙述之中，对于女性的关注处于非常边缘的位置，男权主义的偏见在这些亚文化中是显而易见的。除了朋克暴女（Riot Grrrls）和日本的洛丽塔（Lolita）等少数例外[14]，女孩和年轻女性往往都被亚文化的主体面孔所遗弃忽视掉了。麦克罗比和加伯（1991：4）也表示，大多亚文化的对象以及流行形象似乎都是强调男性成员身份、男性关注和男性式价值观的。

亚文化的概念和早期亚文化理论家的研究受到了不少批评，因为他们几乎只关注劳动阶级的年轻人，并且不加批判地接受了这些群体对于某些犯罪行为的特殊定义。但根据布雷克（Brake 1980：2）的说法，这并不令人意外，因为对于这些研究的考察不仅暴露出了其中的性别歧视观点，而且也反映出亚文化在传统上就一直是一个关注某些男性气质议题的集中变化之处。

　　总的来说，青年文化和亚文化倾向于以某种形式对男子气概进行探索，因此它们也都是男权主义的。我则试图考察其对女性们的影响。我认为亚文化作为年轻女孩从浪漫崇拜和婚姻使命中解放出来的一个明显标志将是其对于探索女性气质新形式的一个新贡献。
　　（Brake 1980：vii）

对于正在寻找身份认同的年轻人来说，他们会发现融入其他社会群体非常困难，只有性别是最靠近他们也最容易的。运动鞋亚文化的成员们通过运动鞋来展示他们的男性身份和男性气质。他们把男性气质穿在脚上，同时也强化和再现着男性和男性气质的霸权思想。

通过对运动鞋收藏家和粉丝的关注，我们得以一窥男性角色其创造和扮演的社会过程。

亚文化是一种证明他们是真正的男人的方式，甚至在一些看似中性的亚文化中也是如此，这些亚文化里还有大量的女性参与者，比如哥特文化（Brill 2007）。在亚文化中，女性的社会地位往往处于边缘，比如作为男性的女朋友或伴侣等。正如一位女运动鞋爱好者告诉我的那样：

> 女鞋迷从不被当回事儿。大家都觉得我们的男朋友估计是个球鞋迷，他们以为我喜欢运动鞋只是因为我男朋友喜欢运动鞋。或者他们觉得你只是想引起男人的注意才总是穿运动鞋。女孩的运动鞋太少了，你根本找不到多少有女码的男款运动鞋，运动鞋厂商压根就不生产。女鞋迷的地位毫无疑问是低人一等的。

性别类似于阶级，因为其结构造成了不平等和等级区分。要维持男性身份或者男性特质，那么就需要将自己与任何具有女性特质的事物隔离开来。运动鞋亚文化作为一个社群正发挥着这种功能。布瑞尔写道：

> 鉴于亚文化经常被视为年轻人反抗主流规范的工具，人们可能认为这类群体会对性别界限提出重大挑战。然而，亚文化其实长期

都和男权意识形态存在着联系，在青年文化以及相关的学术研究中，女性一直处在边缘的位置。（Brill 2007,111）

青年亚文化抵制着主流价值观，但就性别而言，青年亚文化不但维持着性别规范，甚至还在强化它。在我们所生活的现代社会之中，人们非常明确坚定地抵制着性别不平等和性别歧视，所以我们认为男性和女性在社会上是平等的，从职场到娱乐场所的每一个领域，女性都应该是完全受到包容、参与其中的。但运动鞋爱好者们并不这么认为。

通过社会资本加持下运动鞋交易而进行的男性社会化

自从玛格丽特·米德（Margaret Mead）于 1935 年开创性地对性和性别进行了研究之后[15]，后面的许多社会科学研究都表明，在几乎所有已知的社会中，男性和女性所经历的社会化是完全不同的。根据卡恩 - 哈里斯（Kahn-Harris）的观点，西方社会中的男性追求诸如获胜、情绪自制、冒险、暴力、支配、独立自主、对女性的权力、蔑视同性恋以及追求社会地位等品质，这些品质都被认为是主流的男性特征（2007：143）。男人会通过分享其具体活动来建立联系，而女性则通过分享她们的感受和情绪建立联系。运动鞋就承载了那些用来定义男性品质的工具性特征。那些男权刻板行为、态度、信仰、价值观和规范都是由各种社交媒介所生产的，比如父母、亲戚、学校、同龄人和大众媒体等。运动鞋爱好者和收藏家恰恰再现了限量版运动鞋所象征的男性专属理念，女人肯定不会在雨中或雪中排队去买一双限量运动鞋的，那是男人才干的事。男人的行动和行为反映着"他们是谁"，而任何女性的参与都将损害和玷污他们那纯粹而真实的"男子气概"。

通过共同的亚文化知识产生的归属感

人们会努力融入一个团体、社群、文化或社会，以体验那种被欢迎或者被接纳感。人类的自我定义正是通过群体性联系来进行的，这些群体可能是家庭、公司抑或学校等等。亚文化正是浩如烟海的文化世界中的群体、组织或者说团体之一，亚文化成员们挑战和质疑着关于社会等级、地位和权威的主流观念，个体经历导致他们有着与众不同的世界观。体验归属感是一种基本的人类需求（Durkheim，1897），包括运动鞋爱好者在内的亚文化成员都有这种诉求。某些程度上的社会性融合包括依恋他人、接受规制等都会影响到个体的幸福程度，而加入群体尤其是同龄人的群体是人们满足这一需求的主要方式。即使是那些偏离主流的异类，他们最终也会归属到他们的那些非主流群体之中。我们每个人都无不属于某处，从你自己和你的那个群体的角度来看，你就是普通的一分子而非异类。如同其他亚文化的参与者一样，运动鞋爱好者通过他们那些只能与其他爱好者分享的"运动亚文化共同知识"相联系在一起。一个运动鞋爱好者告诉我：

> 我走进电梯，看到里面有个人。我低头看一眼他的球鞋就知道他是不是一个鞋迷。然后他看着我的脚，也能看出我是一个鞋迷。我们看着彼此的鞋子，安静地什么也不说，但无声的交流已经展开。我

们知道，我们是同一个圈子里的人，我们因此立刻被联系在了一起，这真是一种很棒的感觉。

运动鞋爱好者只要看到一双独一无二的限量款就能立刻报出它的名字、它是如何制造的、由谁设计的，以及在哪个城市、州或国家发售了多少双等。共同的球鞋知识是运动鞋收藏者们建立联系的一种方式，也是在社群中赢得地位的一种方式。一位运动鞋收藏家说：

拥有几百双鞋并不意味着什么。如果你的屋里有很多运动鞋但你却不知道它们到底都是些什么，那你就不是一个真正的鞋迷。一个真正的鞋迷知道每一双鞋背后的历史。如果你对你穿的鞋一无所知，那你什么也不是。

知识是属于个体文化资本的一个部分（Bourdieu 1984），所以亚文化知识也是一个个体亚文化资本的一部分（Thornton 1995）。正如一位运动鞋收藏家所述的那样，运动鞋爱好者应该有能力区分复刻和元年版本鞋款（Serch quoted in Garcia 2003: 228）："若汝不知复刻和元年之差异，汝不应称汝知之；若为复刻，汝不应称之元年。若汝年不及廿，切莫自居老炮，此为违反教规。"掌握共同的背景知识是他们作为真正的圈内人的标识。

此外，当我在纽约刚开始做实地考察时，我还不太清楚各个鞋款的系列和名字，我曾问一个男孩："你的鞋叫什么名字？"他一开始看起来很困惑，不知道我为什么要问他这个问题。然后他一字一顿地告诉我：“这——叫——耐——克。”他肯定认为我连他鞋上那个大名鼎鼎的耐克钩图案都不认识。但随着时间的推移和研究的进展，我逐渐知道了各个运动鞋的名字，并且能辨认出发烧友们脚上鞋子更为具体的款式名：“那是一双 Nike Spiderman（图 3.1）”或者“那是一双 adidas Jeremy Scott（图 3.2）”。这时他们会面露喜色，我也得以更顺利地跟他们交流。我能很直观地感受到我开始被他们接纳了，至少他们认为我应该是了解自己所讨论的那些和鞋相关的东西的。

莎拉·桑顿（Sarah Thornton，1995）所提出的亚文化资本概念中提及了亚文化成员用来区别外来者、证明自己圈内人身份的那些特定对象、实践和信仰。桑顿的理论基于布迪厄（1984）的相关研究，在布迪厄的研究之中，他讨论了几种类型的资本，其中就包括用于区分自己与他人并投射出某种特定形象的文化资本。桑顿写道（1995:11 12）：“亚文化主义者本可以用其他一些不那么‘主流’的物品来彰显其地位，但尽管如此他们还是没有那样做……他们努力想成为（或者被别人看作是）‘潮流先锋’，听最酷的地下音乐，穿最潮的服装，梳最潮的发型，也熟谙那些最时兴的舞蹈动作。”

不只是穿运动鞋，就连买一双鞋的过程也是判定圈子成员的标准，这种情况在其他亚文化群体中是看不到的。例如，对于朋克族来说，一个朋克成员如何搞到他身上的牛仔裤在他们的文化之中并不是特别重要，如何穿戴或者如何搭配风格对他们来说更为重要。然而对于运动鞋收藏者来说，实际的购买过程也是他们亚文化活动中的一个重要部分，如何寻找一双鞋、从谁那里或者哪家零售商那里能买到哪双鞋这些都很重要。安吉拉·麦克罗比在其《二手服饰以及旧货市场的角色》

（*Second-Hand Dresses and the Role of the Ragmarket*）一文中写道：

> 在文化研究中，对于购买的行为以及寻找和选择购买对象过程
> 的研究仍然是相对较少的，其中一个原因是购物一直被认为是专属
> 女性的活动。青年社会学家的研究对象则主要在于青春期男孩和年轻
> 男子的相关活动，他们的关注在于那些具有强烈男性形象经验的领
> 域。包括穿着和服装展示在内的娱乐休闲议题已经被透彻地进行过研
> 究了，然而那些像周六下午花在寻找这些休闲乐趣上的时间过程却
> 一直未被研究所重视。（McRobbie [1989] 2005：132-133）

对于运动鞋爱好者来说，购买和贩卖鞋子并不是一项女性的活动。
它不仅需要足够的亚文化知识，还需要足够的亚文化社会资本，像是你
认识谁，你有什么关系等，这些东西在第二次运动鞋浪潮前后的运动鞋
亚文化中一直都很重要。本特森（Bengtson）解释了收藏者们在过去是
如何寻找那些炫酷的鞋款的：

> 当迈克尔·乔丹还是北卡罗来纳州大学的一名高中生时，运
> 动鞋爱好者们就已经开始玩运动鞋了。如博比奥·加西亚（Bobbio
> Garcia）、丹特·罗斯（Dante Ross）和迈克尔·贝林（Michale Berrin）
> 这样的人更曾在纽约五个区（以及更广的范围内）里到处寻找鞋店，
> 寻找那些值得炫耀的稀罕宝贝。（Bengtson 2013：87）

没人知道也没人关心到底有多少双鞋被生产出来，一双运动鞋只需

要罕有人穿且看起来很酷就行。但收藏者们得利用自己的社会资本去发现这些稀有的鞋款，一位资深收藏家告诉我：随着互联网和社交媒体的发明，运动鞋收藏本身已经变得毫无吸引力了。本特森还补充：

> 在复刻风潮出现之前，只有一种方法能搞到老款球鞋：去实地深入发掘。过程非常简单：找一家旧的体育用品商店，和店主成为朋友，说服他或她同意你进入货架后面最黑暗、布满灰尘的角落或者地下室，然后开始你的寻找。在 eBay 出现之前，没有人真正清楚他们还有什么东西，以及他们所有的到底是什么东西。"死库存"（deadstock）一词最初的意思就是字面意思"死掉的库存"。滞留的库存并没有给店老板带来任何好处，在很多情况下，他们很乐意清空他们的库存货架。那些在未来被奉为珍宝的运动鞋就在那里等着人们去购买，而且价格往往非常便宜，也就在这购买的一瞬间，你的运动鞋收藏就开启了。（Bengtson 2013:89）

即便在第二波运动鞋浪潮之后，个体的社会资本也对其运动鞋收藏非常重要。一位收藏家给我解释不认识鞋店的销售人员意味着什么：

> 当我还在上高中的时候，我曾走进一家运动鞋商店问他们有没有一款新出的运动鞋，那个销售员告诉我这款没有，已经卖完了。所以我说："好吧，那……"我还没说完，他就说："不，那双也没有。"我想，什么鬼？我都还没说牌子和型号，他就说没有？但后来我意识到只不过是这家店不欢迎我，所以这家店什么也不卖给我。

在运动鞋专卖店工作的人大部分都是运动鞋收藏家，这可是一份令人羡慕的工作，因为他们可以接触到最新的鞋款，并且可以将其转售给朋友或在拍卖网站上获得额外的利润。这相当于一个藏家的社会资本，在现在这个特定信息或知识可以在几秒钟内被收集到并被传播到世界各地的时代，它更为重要和意义非凡，因为拥有独家信息变得更加有价值了。另一位现在身为布鲁克林一家鞋店的老板的收藏家告诉我：

> 当有消息传出要推出限量版球鞋的时候，我就会打电话给商店、在鞋店工作的朋友和发行这款鞋的公司，以及我能想到的任何地方去试着买到这双鞋。这就看你这个社群中有什么关系，你认识谁以及你和他们有多熟，这非常重要。

想成为一个真正的鞋迷，收集所有与鞋相关的新闻以及使用相关技术和社交媒体的能力显然是必须的，但除此之外，要在第三波球鞋浪潮中成为一个资深鞋迷，所需要的能力还不仅限于此。

不同于女性购物者的男性运动鞋贩

第二波运动鞋浪潮之后，爱好者们开始有了正式的交易运动鞋的实体场所及虚拟空间；他们在如 ebay 这样比较大的拍卖网站上进行买卖交易，或者带着他们的收藏去参加美国各地举办的运动鞋展会。在这个过程中他们不断学习着"交易的艺术，并时不时在其中赚些钱"（Glickson2014: A1）。爱好者当中不少人还很懂科技，使用高科技和电子产品被认为是属于男性的行为（Colatrella, 2011；Lerman and Oldenziel 2003），男性喜欢那种从操作一些高科技小玩意和设备中获得的控制感，此外，男人还喜欢速度；竞争也是一种男性活动导向特质。运动鞋企业总是积极地宣传他们工艺的改进以及运动鞋内搭载的技术如何先进，而那些高跟鞋品牌是从不会以此为卖点的，女性鞋子的重点都是关于靓丽的外形和美妙的外观，最多加上一些关于舒适性的描述，但是对于运动鞋来说，外观并不足以说服鞋迷们去买一双新鞋，运动鞋的性能品质也是重要的评价依据，就像人们常会根据男人的智力、才能和财富去评判他们一样。关于鞋的竞争、交流和互动正在从虚拟空间转移到物理空间之中。随着运动鞋的日益流行，鞋迷和收藏家的群体不断扩大，世界各地都在举办与运动鞋相关的各种活动。2009 年 3 月创办于纽约的球鞋集会 Sneaker Convention（SneakerCon）由三个年轻人阿兰（Alan）和帕里斯·维纳格拉多夫（Paris Vinogradoff）兄弟以及伍宇明（Yuming Wu）所发起，SneakerCon 的首次集会只要交 10 美金门票即可参加，当时参加的组织只有 20 家左右，在那买卖运动鞋的不仅有专业的鞋贩子，还有不少想要出售自己私藏的个人。到如今，SneakerCon 已发展到美国很多不同的城市，比如克利夫兰、劳德代尔堡、休斯敦、华盛顿特区和迈阿密，等等。比较近的一次举办于 2015 年 12 月，地点在纽约贾维茨会展中心（Jacob K. Javits），当时参加者达到了上万人（图 3.3—图 3.5）。我曾在一个瓢泼大雨天遇到一个学生鞋迷，这个学生手上拿着五个鞋盒，套在一个巨大的塑料袋里：

如果我以 100 美元的价格买了一双鞋，我会想以差不多或更高的价格卖出去从中赚点钱。我绝不会以低于 100 美元的价格卖掉它，因为这样我就赔了，肯定划不来。其中这双我只穿过一两次，我不想把它们搞脏，因为我知道以后我肯定会卖掉它们。

　　年轻的鞋迷们正在成为精明的商贩，学着如何在球鞋买卖中谈判和讨价还价。有些卖家会把鞋放在地上展示，旁边注上价签。还有有些人会把鞋举过头顶，四处走动并大声喊出他们期望的卖价以及有的尺码等。球鞋大会让这些年轻人有机会开展他们的小事业，并在这么小的年纪就有机会学着做生意。2016 年 2 月，在拿骚体育馆（Nassau Coliseum）的舞台上，一名年轻的鞋贩拒绝了其他买家以 9.8 万美元现金购买他的耐克 Air Yeezy 2 红十月球鞋的报价，这双球鞋是由坎耶·韦斯特（Kanye West）所设计，并由坎耶韦斯特本人亲笔签名（Glickson 2014: A3）。这完全不是女孩子买东西的那种感觉，这是一种男性的商业活动，充斥着严肃的商业谈判。另一个流行的运动鞋集会，休斯敦球鞋大会（H-Town Sneaker Summit）发起于 2003 年 12 月，这个集会每年冬季和夏季在得·克萨斯州休斯敦举行两次，鞋迷们会在这寻找稀有鞋款以及和圈内人进行互相换鞋。澳大利亚和欧洲也有类似的集会，Sneaker Pimps 是一个运动鞋艺术巡回展，最初于 2002 年在澳大利亚悉尼开始首展，2012 年他们举办了十周年纪念展并在美国各地巡回进行展出。这个展会上集中了限量版、复古款等在内的稀有款式，其最大的卖点之一在于每一场展会上的现场运动鞋绘画和定制服务。Sneaker Pimps 已经造访过超过 62 个国家，包括澳大利亚、新西兰、美国、日本、新加坡、韩国、中国、泰国、加拿大、比利时和菲律宾等，这使其成为世界上最大的运动鞋及街头艺术展（城际 2008: 192），2015 年他们到访了印度、日本、巴西和阿根廷等国的许多城市。此外，欧洲的展会 Sneakerness 也在欧洲各地不断举办，而且每年规模都在扩大，其首次举办是 2008 年在柏林，2009年到了维也纳和苏黎世，2010 年则在科隆、苏黎世和维也纳。2015 年，Sneakerness 又在苏黎世、巴黎、阿姆斯特丹、华沙和科隆等城市陆续开展。

为了购买新的运动鞋，预算和零花钱有限的年轻一代爱好者要么选择卖掉自己的旧藏，要么就向家人和朋友借钱。崔斯·里德就是其中之一，他向父亲托伊·里德借了 50 美元，特洛伊·里德则一直保管着儿子的鞋，直到他把钱还回来。这也是他们经营运动鞋典当生意的灵感来源，2014 年，父子俩在纽约哈莱姆开设了世界上第一家运动鞋典当行。他们目睹了那些鞋迷是多么对自己的珍藏依依不舍。特洛伊说：

> 98% 的顾客会回来还钱并把他们的运动鞋赎回去。对他们来说，运动鞋不仅仅是脚上穿的普通鞋子，对他们来说这还有额外的意义。鞋迷对鞋有很多情感上的依恋，有一次，一个孩子留下了一双穿旧的运动鞋，鞋的状况非常糟糕，我们都认为他不会再回来了。但是他最终还是回来把钱还上并赎走了他的那双旧运动鞋。

这些冰冷的物体仿佛开始有了自己的生命。此刻，运动鞋寄托着主人的情绪、感受、经历，舍弃这些鞋就像舍弃自己的亲人一样让人痛苦而纠结。这对父子团队试图把他们的店变成一个让运动鞋爱好者们聚集在一起的社交空间。

代言文化：成功的化身

许多运动鞋爱好者都认为，自从迈克尔·乔丹横空出世之后，运动鞋的知名度和受欢迎程度都上升到了一个新的水平。乔丹成了许多寻求偶像崇拜的男孩和年轻人的榜样，他强壮、气场强大、富有且有魅力，有着所有人都渴望的那些优秀特点，他就是男子气概和成功的化身，而穿着乔丹和其他许多受欢迎的运动员代言的运动鞋，鞋迷们就间接地分享到了他们的成功。1995 年，迈克尔·乔丹、格兰特·希尔和沙奎尔·奥尼尔他们中任意一位的球鞋代言收入都超过了 20 世纪 70 年代所有 NBA 球员球鞋代言收入的总和，甚至可能达到了那些球员整个十年的球鞋代言收入的总和（Vanderbilt 1998:43）。奥斯本回忆起自己年轻时对乔丹鞋的狂热追捧：

> 当时我在威彻斯特郡郊区的初中读四年级，我开始喜欢这些球鞋。到了五年级时，我爱上了 Air Jordan 1，我在十五个月里换了三双不同的 AJ1。六年级的时候我又开始迷恋匡威武器系列（Converse Weapons），因为有一段时间除了乔丹以外 NBA 里的每个明星都穿着它。上中学的时候我开始有机会自己赚点钱（穿着篮球鞋当球童？当然，为什么不呢？），我在当地的棒球卡商店做点事，剩下的时间则是在干篮球鞋销售。虽然我仍然热爱乔丹和他不断扩张的产品线（我有所有的 AJ1 款式，但在 AJ2 上 100 块都没花，然后三四五代有一些），我知道这些鞋是多么地受欢迎，我就是想要与众不同。（Osborne 2013:10）

成功的运动员，如勒布朗·詹姆斯，帕特里克·尤因，科比·布莱恩特等，这些人是"酷炫"和"时尚"球鞋能够诞生的关键（图 3.6—图 3.9）。他们对于这场"运动鞋游戏"的加入和参与直接影响到球鞋收藏家的地位和声誉。正如那些明星时常担当着时装设计师，运动员也有责任去加入创造代表着自己成就和荣誉的专属运动鞋，因为球鞋就是他们成功的象征。竞技体育是非黑即白的：你要么是赢家，要么就是输家，但球鞋的游戏可能不像体育运动本身那样结果泾渭分明。不过鞋迷们非常清楚哪些鞋标志着地位，每家球鞋公司都会签约很多著名运动员并为其推出专属的签名运动鞋，穿一双正确的运动鞋会给很多男孩带来自信、塑造一个好的自我形象，因为这些鞋就象征着成功。他们在追求运动鞋的同时，实际上也在追求一般社会意义上那些成功、身体强壮的男性理想形象。

男子气概的运动鞋语言

事物的名字和词汇通常充斥着意象、暗示和刻板印象，在关于运动鞋的别称之中，就有一类特殊的修辞语言。理查德·布坎南（Richard Buchanan）在其《修辞学，人文主义和设计》（*Rhetoric, Humanism and Design*，1995）一文中指出，一件产品传达着关于价值、意义和风格的概念，并给潜在的消费者培养幻想、亲切感和欲望，正如运动鞋有其特定的名字或别称，这些名字赋予了那些鞋以生命和个性。吉尔从三个方面论述了运动鞋营销的修辞：（1）技术进步有助于提高鞋的性能；（2）而这将有助于个体在身体表现和心理状况上进步改善；以及（3）运动鞋的美学价值。吉尔解释说，运动鞋的品牌修辞将性能、自我认同和审美关注这三种概念进行了混合。运动鞋是全世界产品营销案例中的一个典型代表（Gill2011:371），对此范德比尔特写道：

> 运动鞋的名字往往跟更好的运动表现相联系。诸如速度、进攻性、空气动力、精准度、英勇、威慑力、强度和运动表现转化率这些词都是运动中的正向表现。因此便有了像"攻击"（Attack）、"反馈"（React）、"弹性"（Carom）以及"爆炸"（Kaboom）、"飞行"（Flight）、"闪电"（Lightning）这样的鞋名。（Vanderbilt 1998:64）

同样，"Air Jordan"系列每年都会有一个象征着能够给予穿鞋的人以乔丹一般运动能力、弹跳速度和竞争精神的新宣传语（见表3）。"AJ IV"是"起飞"（Taking Flight），"AJ 2012"是"选择你的航向"（Choose Your Flight），"AJ XX9"是"专为起飞"（Tailored for Flight），"AJ VII"是"无暇纯金"（Pure Gold），"AJ XII"是"王朝永续"（The Dynasty Continues），"AJ XX1"是"奢华表现"（Performance Luxury）。

表3：乔丹鞋和其每年的宣传语（从1984年至今）

发布年份	名称	宣传语
1984—1985	Air Jordan I	声名远扬（Notorious）
1987	Air Jordan II	纯血宝马（Italian Stallion）
1988	Air Jordan III	鞋中注定（Gotta be the Shoes）
1989	Air Jordan IV	起飞（Taking Flight）

发布年份	名称	宣传语
1990	Air Jordan V	斗士（The Fighter）
1991	Air Jordan VI	应许之地（Promised Land）
1992	Air Jordan VII	无暇纯金（Pure Gold）
1993	Air Jordan VIII	准备出发（Strap In）
1994	Air Jordan IX	完美和声（Perfect Harmony）
1995	Air Jordan X	延续传奇（The Legacy Continues）
1996	Air Jordan XI	魅力非凡（Class Act）
1997	Air Jordan XII	王朝永续（The Dynasty Continues）
1998	Air Jordan XIII	黑猫猛扑（Black Cat Pounces）
1999	Air Jordan XIV	来真的（Race Reality）
2000	Air Jordan XV	速犹在耳（Speed Sound）
2001	Air Jordan XVI	前进（Marching On）
2002	Air Jordan XVII	燥起来（Jazzed Up）
2003	Air Jordan XVIII	最后一舞（Last Dance）
2004	Air Jordan XIX	游刃有余（Full Flex）
2005	Air Jordan XX	沐浴传奇（Living Greatness）
2006	Air Jordan XX1	奢华表现（Performance Luxury）
2007	Air Jordan XX2	澎湃推进（Hit the Afterburners）
2008	Air Jordan XX3	伟大之数（The Number of Greatness）

续表

发布年份	名称	宣传语
2009	Air Jordan 2009	超越（Beyond）
2010	Air Jordan 2010	全速前进（Full Speed Ahead）
2011	Air Jordan 2011	更快更劲爆（Be Quick Be Explosive）
2012	Air Jordan 2012	选择你的航向（Choose Your Flight）
2013	Air Jordan XX8	敢于翱翔（Dare to Fly）
2014	Air Jordan XX9	专为起飞（Tailored for Flight）
2015	Air Jordan 30	待定（TBA）

资料来源：上述信息源自 cardboardconnection 网站。

吉尔还谈到了关于运动鞋交流之中的修辞及其对于运动鞋文化意义的强有力控制：

> 一款新鞋的发布能够在消费者群体中激起强烈的反响，他们可能会花费大量的金钱和精力去获得这些新款，这并非"消费者的疯狂"或者单纯非理性的欲望。我们要更充分地理解运动鞋的强大"修辞"以及这些鞋对其拥有者所赋予的意义，无论这些人是球迷还是收藏家，是穿鞋者本人还是根本不穿鞋的人。(Gill 2011:373)

运动鞋的语言主要由那些行为导向的词汇所组成，这些词汇不断激励着穿鞋的人们积极地开展各种各样与鞋相关的活动。

性别意义的增强与种族意义的下降

在前乔丹时代的第一波运动鞋浪潮中，球鞋亚文化由少数族裔所主导，尤其是黑人青年。最开始，运动鞋厂商们锁定了黑人嘻哈文化，并着力培育黑人群体的消费市场。之后穿一双酷酷的运动鞋成了毒贩和帮派成员的身份象征，主流媒体报道说运动鞋是那些毒贩的时尚选择，帮派成员也会买这种运动鞋穿，他们的鞋子颜色会搭配他们的帮派色调（Vanderbilt 1998: 33）。迈克尔·埃里克·戴森（Michael Eric Dyson）指出："运动鞋是那些将当代历史时刻与说唱文化及地下政治经济裂隙相联系起来的城市黑人群体其状况的即时缩影和效仿，并且支配性地作为消费文化的一个普遍标志而存在。"（quoted in Vanderbilt 1998: 33）。

然而，运动鞋现象在第二波浪潮之后发生了巨大的转变，我认为运动鞋亚文化更多是关于性别与时尚，而非阶级和种族。由于运动鞋是说唱歌手们常见的服饰配件之一，许多人仍然将运动鞋亚文化与特定族裔联系在一起，并谈及运动鞋亚文化内部的种族界限。时至今日，运动鞋不仅是少数族裔青年的时尚单品，也是主流白人青少年的潮流物件。20世纪90年代中期，白人青少年已成为嘻哈文化和时尚的主要消费者，他们模仿并融入黑人青少年的那些时尚和生活方式，瑞贝卡·罗宾逊（Rebecca Robinson）在其著作《永无止境：男性嘻哈单品的演变》（It Won't Stop: The Evolution of Men's Hip-Hop Gear， 2008:259）中挑衅性地指出："那些白人观众'削弱'了说唱的黑人属性，使得美国的主流群体更容易忍受和接纳这种音乐。"

早在1978年，威廉·朱利叶斯·威尔逊（William Julius Wilson）就

曾写过一本备受争议的作品《种族意义的衰落》(*The Declining Significance of Race*)。书中谈到工业化对于种族和阶级关系模式变革的影响,并分析了现代工业化时期的种族关系。他在书中特别关注了经济结构性变化在种族中扮演的角色,以及种族对立从经济上转移到社会、政治乃至相关社群这一过程之中美国政局的变化,还有工业化时期为不同阶层的黑人所带来的种种流动机会(Wilson,1978)。他认为,随着社会工业化的进程不断推进,科学技术快速发展,种族作为一个社会因素其重要性越来越小,那些能够赶上科技发展机遇的人将会在社会上崛起,而那些跟不上技术发展脚步的人将会被遗留在社会底层,个体的社会地位将不再取决于其种族背景。使用新兴技术的能力和技能为年轻人提供了很多机遇和更为宽广的人生道路选择,年轻鞋迷们在如此青葱岁月就开始投入运动鞋的生意,通过这门生意,他们也得以一窥企业的经营之道。

男性身份的构建

在关于青少年的社会行为模式分析中,很重要的一点在于研究青少年是如何获取有意义的主观身份的。正如斯通所言(quoted in Roach Higgins, Eicher and Johnson 1995: 23):"当个体具有身份(identity)时,他也就身处于其中——也就是说,这个个体被嵌铸于某个社会对象的轮廓形象之中。"身份决定了个体在整个社会环境之中的位置,而社会环境又会不经意地影响着其行为和思想。对于运动鞋爱好者们来说,正是他们穿在脚上的球鞋类型反过来彰显了他们的男性身份和时尚水准。现代性使得人们得以拥有并尝试多种不同的身份,人们会更换工作、住所、家庭，甚至国籍、生活方式等。身份并非一成不变，而是不断变化着的，所以我们必须不断去把握自身的身份认同，这也是感知自我的一种方式。时尚理论家如赫伯特·布鲁默（Herbert Blumer，1969）、弗雷德·戴维斯（Fred Davis，1992）和戴安娜·克兰（Diana Crane，2000）都曾强调过表达身份的重要性，每个人都有着多重的身份，而每种身份都将通过我们的外表投射出来。时至今日，时尚已是由消费者驱动的（Crane，2000），过去基于阶级的时尚已经主要转向了性别，但直到最近，时尚又涉及许多关于其他身份的选择。

包括性别在内的身份认同是一个社会建构的概念。科林·R.卡拉汉（Colleen R. Callahan）和乔·B.Jo B. 保莱蒂（Paoletti）在他们的文章《女孩还是男孩？性别认同与儿童服装》（*Is It a Girl or a Boy? Gender Identity and Children's Clothing*，2011）中曾指出，在 19 世纪，婴儿和幼年儿童无论是男女的穿着都是相同的，而成人的服装则有性别区分：

> 婴儿和幼童被认为是青涩无知、未发育成熟的，所以不需要专门的男性或女性服装……以女性服饰为基础的服装似乎很适合小男孩，因为小男孩会在屋子和壁橱这种家庭女性领域中度过他们人生的头几年，在文化上和法律上都居于成年男性的附属地位……马裤，这是一个 19 世纪的男孩收起婴儿帽和小围裙并穿上的第一条裤子，这在他的生命中是个重要的时刻。当男孩开始接受男性服饰、长裤这些男人独有的服装元素时，社会将会视此为一个符号，标志他开始逐渐成为一个男人。一个男孩在何时开始穿马裤则取决于其父母。
>
> ((Callahan and Paoletti 2011:193)

克兰（Crane）还解释了多年来，男性通过着装构建身份的方式发生了怎样的变化：

> 相比于 19 世纪，20 世纪晚期的服装规范要更为复杂。19 世纪的服装规范主要基于与阶级和地区的差异，在城市之中，不同阶级的服装规范很容易被识别解读出来。虽然很多人并不是特意要穿成中产阶级的风格的。而服装的区域性规范在城市中并不是很重要，少数族裔的服饰规范也是如此，因为这些少数族裔成员一般都是移民，属于边缘群体。到 20 世纪末，不同职业的服饰相对比较容易区别……然而，此时"街头"的服装规范却比 19 世纪要混乱得多，休闲服饰比职业服装要更难区别，因为这些服饰是个体自我表达的载体，各种各样的服装规范都蕴含于其中。(Crane 2000；199)

通过虚拟网络上的交互与交流，个体在社交媒体之中的表现可能加强或巩固其身份。社会赋予了我们身份认同，但同时我们又不断试图去获取那些我们所渴望的身份认同。亨弗莱曾简明扼要地指出：

> 我们中的大多数人都曾在某个时刻梦想过成为别人——可能这个人是电影明星、职业运动员、革命家或者超模等等。虚拟世界可以帮助我们实现这些梦想，在某种意义上虚拟世界中的我们都可以变得富有、强大、美丽，甚至获得相当的名声。在某种程度上，我们获得了一次重建和重塑自我的机会……所有这些可能性都指向了我们如何看待我们的"自我"以及身份的问题。(Haenfler 2014；117)

18 世纪和 19 世纪的工业革命带来了诸多社会结构上的变化，比如日益发展的民主意识、社会流动性和科学创造，还有人们的生活方式和意识形态，像个人主义价值观和对于理性思考的信仰等。西方社会进一步发展并到达了尊崇多样性和多元文化主义的全球化和城市化的社会阶段，我们欣赏并珍惜尊重不同的价值观、信仰、生活态度和行为规范。然而，在价值观和行为规范上有太多选择的所带来的问题是，人们会对此感到困惑，无法确定要做何选择。从涂尔干的支持者（Durkheimian）的观点来看，这将把我们置于一种失范（anomie）的状态（见第 5 章）。其结果是，年轻人会去寻找一个社群或组织归属，因为这会为他们提供一套新的行为规范，其中就包括如何着装，这是亚文化簇拥所要遵循的规则之一。克拉克对当代亚文化中的一些优点进行了讨论：

> 亚文化经常是一种暂时性的工具，通过亚文化，青少年和年轻人可以选择某种预制的身份去交朋友、与父母保持距离、并使自己变得独立……它与资本主义有着密切的互动。因此亚文化既是一种话语，对很多人来说是意义非凡的工具，同时，它也是文化产业的一枚棋子。(Clark 2003:227)

根据符号互动论（symbolic-interactionist），关于个体外在形象的矛盾心理也会影响个体对于身份定义的模糊性和不确定性（Davis，1992）。由于具备和需要扮演多种角色，个体的身份是多样化和流动的，人们今天刚获得一个身份，可能第二天就把它丢掉了，这是一种联结羸弱的表现。年轻人经常会选择一种预制的亚文化，把它拿来"穿"几年，然后又重新回归他们从未曾真正离开过的"主流"文化之中（Clark 2003: 224）。运动鞋爱好者选择了鞋迷这一赋予他们有力男性身份认同的群体，在这个性别身份灵活多变的时代之中，他们希望永远坚守这个属于他们的社群。

结语

男青年们之所以如此热爱运动鞋，是因为在这个身份流动而多变的社会里，穿上一双独一无二的运动鞋能让他们获得作为男性的稳固身份。他们觉得自己的脚上穿的正是那种男子气概，这也给了他们一种地位、权力、尊重和来自同龄人的社会性认可。在 20 世纪 70 年代的运动鞋热潮中，种族因素曾起到非常重要的作用，但随着运动鞋现象向各个年龄段、种族和阶层扩散，种族因素的影响权重正在不断下降。很多亚文化是属于特定性别的，因为亚文化是一种再现两性性别差异的方式，运动鞋爱好者的社群强化了那些维持男性对于女性主导地位的结构性因素，运动鞋始终象征着男性力量和男子气概，强调速率与竞争的运动鞋收藏也仍然是属于男性的活动。在下一章之中我将分析运动鞋是如何转变为一种时尚物品的。

4

第四章

焕然一新的男性装饰

Sneakers as Fashion:
Reclaiming Masculine Adornment

自工业革命以来，时尚和装饰打扮一直是属于女性的领域。正如赖利和考斯比在《男性时尚读本》（*Men's Fashion Reader*）的引言章节中所指出的，关于男性服饰的文献非常匮乏，因为在传统意义上，服饰这个主题在本质上就不被认为是"男性化"的（2008:11）。男性通常会回避所有女性领域的东西，因为这可能会使他们被打上"女性化"的标签，这是大多数男性唯恐避之不及的。对男人来说，时尚是一件太过琐碎的事，完全不值得劳神思考（Reilly and Cosbey 2008: 12）。

但男性在时尚界中也有一席之地，麦克尼尔写道：

> 时尚被认为是一种复杂的社会实践，在这种社会实践中，对男性外表的改革有时是由期望他人臣服的权力人物所发起的。男性还把

运动鞋亚文化是一个主要由男孩和男青年组成的社群，他们因运动鞋这个有着成为时尚单品潜力的服饰物件而联结在了一起。他们用最新潮的运动鞋来装扮自己的脚，并不断地追逐更为时尚的运动鞋，以此和其他运动鞋爱好者（同样是男性）展开竞争。所有和我交谈过以及我所采访过的运动鞋爱好者都认为运动鞋绝对是一种时尚。但虽然追逐新鞋和收藏球鞋的玩法是一种时尚实践，却并不是属于女性的活动。至少对运动鞋爱好者来说，这是男性的专属活动。

在这一章中，我讨论了男性与服装之间复杂而矛盾的关系，并探索了运动鞋这个平凡的物件是如何转变为一个广受欢迎的时尚单品的。运动鞋是展示一个物件转变为一种时尚其社会过程最好的案例之一，鞋类是有形的文化物品，而时尚是无形的文化观念和信仰。凡勃伦在其《有闲阶级论》（*The Theory of Leisure Class*, [1899]1957）中谈到嗜欲文化（pecuniary culture）的三个原则，即炫耀性消费、炫耀性浪费和炫耀性休闲。时尚即代表着过剩和过度，当一双运动鞋超越了它的实用功能，它也就变成了一种时尚。

要让一种服装成为时尚，必须经过系统的改造（Kawamura 2005）。时尚时常与服装相关联，因为服装是一种连续、重复、有规律变化的物品，时尚的内容本身从来都不重要，需要被分析和关注的是时尚的语境，同时还需要研究一双运动鞋转化为时尚的具体过程（Kawamura

2005)。公众们期待服装时尚的改变，但其中却不包括鞋；然而，运动鞋亚文化表明运动鞋确实是一种时尚的单品，鞋的新奇性和稀缺性决定了鞋本身以及穿着者的地位。一位锐步的销售人员说：

> 我们生活在一个消费品可以定义个人品格，或至少成为一个人品格的外在体现（标记）……在运动鞋那变幻莫测的历史上，它已经从"一度卑微"的临时用鞋变成了彰显个性的"徽章"；无论是前沿摇滚乐手脚上的复古彪马，还是克林顿总统脚上那双具有政治意义的"美国制造"New Balance 鞋。(Quoted in Vanderbilt 1998: 44)

运动鞋不再是"卑微的"。在时尚消费中运动鞋扮演着重要的角色，它不仅影响着制鞋产业，也影响着高级时装品牌，如川久保玲的品牌 Comme des Garçons、路易威登和瑞克·欧文斯（Rick Owens）等品牌现在也推出一些高价的运动鞋，比如带有心形眼睛标志的 Comme des Garçons Play × Converse Pro Leather 系列在年轻男性中就非常受欢迎（图 4.1）。早在 2009 年，路易威登就曾与流行说唱歌手坎耶·韦斯特（Kanye West）合作推出了三款十色的运动鞋系列（图 4.2），这些鞋款至今仍流行于纽约街头。曾在巴黎展出其服装设计系列的美国设计师瑞克·欧文斯同时也是法国皮草公司莱维安（Revillon）的创意总监，他也有自己的标志性运动鞋产品线 Geobasket（图 4.3）。2014 年，美国高档百货公司萨克斯第五大道（Saks Fifth Avenue）曾开设了一家专门的设计师运动鞋精品店，出售由巴黎世家、Jimmy Choo、纪梵希等知名时装公司和设计师设计的运动鞋。

从实用功能到装饰功能

如前几章所述，运动鞋被发明时其主要功能是使用功能，目的是追求舒适。对一些运动员来说，他们所穿的运动鞋还必须达到一定的功能性标准，这样才能让他们在篮球竞技或者滑板运动中达到尽可能高的运动表现。运动员看重的是鞋的合脚性、抓地力以及舒适度。毕竟，匡威当初发明的第一双运动鞋就是为了提高篮球运动员的表现，那时它们并没有什么审美的成分，也没有人期望运动鞋有多美观或时尚。

一位名叫福克斯阿米（FauxAmi）的德国滑板展组织者解释了鞋在滑板运动中的重要性：

> 玩滑板的人都很重视鞋子。因为是鞋把我们和板子相连接在一起——说得更大一点，把我们和世界连接在一起。滑板手们都知道一双好鞋能带来多么不一样的感受，我们不仅是穿着鞋——还在"用"它们。我们会用一些极限状况去考验它们，比如穿着它们在防滑层和高温路面上去滑行。当这些鞋都已遍体鳞伤的时候我们还会想尽办法继续使用，让他们撑得再久一点，最后甚至到了鞋底几乎磨没的程度。所以我们绝对是鉴鞋的权威，我们知道哪些鞋抓地力好，哪些鞋抓地力不好。我们知道哪些功能是有意义的，哪些只不过是花里胡哨。我们"懂"鞋，因为我们整天就住在鞋上。(Quoted in Blümlein et al. 2008: 12-13)

道格·施耐德（Doug Schneider）是一名专业滑板手，他在文章《滑板鞋》（*Skate Shoes*）中也提到，当他买一双新鞋时他会关注哪些特性：

> 低帮一般会给脚踝带来更好的灵活性，而高帮则能提供更多的支撑和保护，很多穿低帮鞋的人会戴上护踝去保护脚踝。大多数护踝都会在一定程度上限制脚踝的活动，尽管程度上比那些高帮网球鞋要小些……接下来要考虑的是你希望的鞋面材料。例如，麂皮比帆布的延展性要好一些。如果你买了一双麂皮面运动鞋，当你第一次穿的时候它会很合脚，但过一段时间后你可能就不得不穿两双袜子……另一个重要的点是和硬鞋底截然相反的软鞋底（橡胶鞋底）其优劣势……橡胶鞋底有种类繁多的胎面花纹，而且其确实会影响鞋底的抓地力。鞋底接触板面的面积越大，其抓地力就越好……最后，当你买一双鞋的时候，要注意鞋底的胶水黏合是否牢固，以及检查纹路和鞋底底部的缺陷问题。(2008:59)

对于专业运动员来说，鞋的装饰和时尚特性从来都不是首要考虑的问题。对于从事运动的人来说，运动鞋是一个必须要严加挑选的品类，因为所穿的运动鞋类型将会在很大程度上影响他们的运动表现。这些运动员因此自然而然地成了专业的运动鞋鉴赏家，但他们对运动鞋的选择并非基于它们的外观，而是更看重鞋上脚时的感受。对于专业运动员来说，最为重要的是运动鞋的各种技术性能。

然而，在第二波和第三波运动鞋浪潮中，随着职业运动员的穿着推广，作为一种成功形象化身的运动鞋变得越来越商业化，运动鞋的时尚性和装饰性也变得越来越重要。

虽然太过笼统地概括某一种现象出现的原因总是有些危险的，但那些被认为是运动鞋专家的人在他们的少年时期都或多或少地有些"不合群""与众不同"或者"无法融入群体"，但随后他们意识到，运动鞋的魅力可以吸引到其他人。在我的访谈中一位运动鞋收藏家如此说道：

> 我在学校时总是被欺负。但是当有一天我穿了一双特别的运动鞋，我的一个同学对我说："哇，这好酷"……那时我突然意识到，我脚上穿的东西可以以一种积极的方式吸引大家的注意。那真是一种奇妙的经历和感觉，我就是这样迷上运动鞋的。

另外一位运动鞋爱好者也讲述了类似的故事：

> 因为穿运动鞋我开始在学校受到关注，于是我就一直想要穿很酷的运动鞋。我认为正是所得到的关注和认可让人对运动鞋上瘾，鞋真的能让男孩子满足那种男性的自尊。我觉得自己很酷，我也因此感到了自信。

运动鞋爱好者们或多或少都经历过这样一个类似的时刻，这让他们深深爱上了鞋，并且他们很清楚地记得自己对运动鞋的迷恋是如何以及何时开始的。赫德（Heard）分析了当他在 20 世纪 80 年代初第一次接触到那令他着迷的运动鞋的经历：

> 在一个阴冷的冬日下午，我踉踉跄跄地穿过黑暗狭窄的小街，

遇见一群像孔雀一般昂首阔步的小伙子朝着我们当地足球场那整洁神圣的草地走去。那种震撼感是立竿见影的，欢迎来到美妙的训练鞋世界！这鞋的一切都让人感到有种催眠的美妙，那颜色、logo、对比鲜明的亮闪尼龙和麂皮材料——甚至鞋盒都让人感到沉迷其中。这些鞋不仅仅是穿来跑步或锻炼的；它们绝不仅如此。它们是我所渴望的东西，它们是那样的美丽……是我必须拥有的东西。从那天起，鞋就牢牢地抓住了我的心，直到今日一直牢固如那天一般。(Heard 2003:8)

运动鞋成为青年文化之中的重要组成部分，正如吉尔（2011:383）所分析的那样，随着高性能的运动鞋被当成日常生活中的重要穿搭选择，运动装备和时尚之间的鸿沟——曾经潮流穿搭与功能服饰之间有着鲜明的对比——正在逐渐消弭。

男性对于作为时尚物件的运动鞋的迷恋告诉我们，时尚并不像许多人想象的那样独属于女性。赖利（Reilly）和考斯比（Cosbey）写道：

在西方文化之中，我们已经习惯某些对于男性的思维定式，以及他们对外表和穿着的偏好……我们通常不认为穿着是属于"男人的主题"。更具体地说，我们认为男性并不特别在意个人外表，至少程度上不像女性那样。似乎男性只要达到个人仪容上一些基本的整洁标准，他们就对自己的外表感到满意了，因此人们也普遍认为男性对时尚并不感兴趣。在传统观念上，时尚被归于女性的领域之中。(Reilly and Cosbey 2008: 12)

男人对运动鞋时尚的强烈追求证明了事实并非如此，他们对新款运动鞋的渴求和热切堪比女性对美丽和时尚的永恒热情。还有一种错误的观点认为，男人的时尚是并不存在的（Reilly and Cosbey 2008: 13）。许多时尚和服装学者对男性的鞋子都是忽视的，男性时尚一直都非常微妙、隐蔽而低调，因为公开的自我展示和装扮确实被认为是非常"娘"的。但这种观念和态度正在发生着巨大的变化，男人们他们曾经拥有时尚与打扮的权力，但后来被迫放弃并开始穿上商务西装套装，就好像工业革命时期他们穿上的工作制服一样。但现在，他们正重拾这种权力，对时尚的热情开始重新浮现，誓要夺回这曾一度专属于男性的领域。他们真真正正是"把男子气概穿在了脚上"（图 4.4—图 4.7）。

运动鞋爱好者是最为时尚的群体之一，因为他们每天都要在决定穿什么衣服之前先决定穿什么鞋。他们的时尚实际上是自下而上开始的，这也象征着他们时尚的扩散过程，正如赫伯特·布鲁默（Herbert Blumer）以及其之后的学者们所主张的时尚向上渗透（trickle-up theroy）或者叫时尚泡沫理论。在布鲁默（1969）看来，时尚是由消费者的品位所主导的，所以时装设计师的任务是去预测和解读大众的现代品味。在此布鲁默将消费者放到了时尚的建构之中。

重拾男性时尚与装扮

对男性服饰历史的研究表明，曾经上层社会的男性非常的时尚，也非常注重自己的外表。在西方历史上的很多不同时期，男性时尚都是装饰性的、华而不实的、有色情意味的、变化多姿的、革命性的、理想化的、压抑的，以及限制性的。彼时的男性服饰有着严格的限制，并且全都承载着各自相应的意义（Reilly and Cosbey 2008: 3）。

路易斯·班纳（Lois Banner）在她的文章《时尚的性，1100—1600》（*The Fashionable Sex, 1100–1600*，2008:6-16）中考察了中世纪晚期和现代欧洲早期的男性身体与男性时尚。11世纪后期，随着形状修长的尖头鞋的普及，与性相关联的某些身体部位开始被愈发凸显出来，这一趋势一直持续到了14世纪，彼时流行的男性服装风格是短款外套、修长的裤子以及对于男性生殖器的突出彰显。此外，随着一些软性装饰性元素的周期性增加，男性的服装变得越来越女性化（2008:7）。从14世纪中期到18世纪中期，上流社会的男性服饰同女性服饰一样有着华丽的装饰和艳丽的色彩，还有诸多细节与装饰点缀。鲍彻（Boucher）解释说，在18世纪以前的欧洲，男人穿得和女人一样华丽，有时甚至更甚于女性，但到了18世纪之后，女式服装的装饰性就完全超过男性了（1987）。

男性时尚偶像：花花公子布鲁梅尔

奥尔加·魏因施泰因（Olga Vainshtein）在其《时髦主义、视觉游戏与表现策略》（*Dandyism, Visual Games, and the Strategies of Representation*）一书中写道："英国摄政时期的时髦主义建立了一种自我形象塑造的模式，这种模式成了对于19世纪社会中男性行为的刻板印象之一。"（Vainshtein 2009: 84）

乔治·比昂·布鲁梅尔（George Byan Brummel, 1778-1840）是一名英国军官，他以"Beau Brummel"（花花公子布鲁梅尔）而闻名于世，是西方时尚史上的男性时尚偶像和"花花公子"。人们描述布鲁梅尔有着杰出的风度、高贵的举止、冷静沉着又声音悦耳。他很幽默机智，而且能说会道（Parker in Brummel [1932]1972:10）。

埃莉诺·帕克（Eleanor Parker）在关于布鲁梅尔身份背景的"介绍"（[1932]1972:vii-xviii）中描述道："他的父亲威廉·布鲁梅尔是首相诺斯勋爵的密友、亲信顾问以及私人秘书，从孩提时代起，布鲁梅尔就惯于与这些教养良好的人交往。"

布鲁梅尔被认为是一个开创品味、引领潮流和影响男性时尚之人。当还在牛津大学读书的时候他就已参军并成为威尔士王子军团里的一名军官，他与后来成为乔治四世国王的王子关系很好，他的这个社交圈子全都有着得体的服装习惯。到 1798 年，他已与王子和其他同僚们打得火热，从那时起直到 1816 年他离开英国，他在英国最为尊贵的这个圈子之中都一直发挥着重要的影响力，这也是英国历史上最为杰出的小圈子之一（Parker in Brummel [1932]1972:9 - 10）——布鲁梅尔还是老保守党俱乐部"怀特俱乐部"的成员，该俱乐部是当时少数的几个成员稀少、对外封闭且声望颇高的俱乐部之一（Vainshtein 2009）。帕克分析了布鲁梅尔在贵族中的关系网：

> 他的朋友并不是一群只懂时髦的公子哥，而是当今最为杰出的青年人才。布鲁梅尔的言论仿佛是关于服装和礼仪的法律一般，即使在失去皇室的青睐之后，他仍然是时尚界的仲裁者，其追随者也始终忠诚如故。更重要的是，这些一直来往的朋友里还有威尔士亲王家族的成员。（Parker in Brummel [1932]1972:10）。

1800 年左右，由于那优雅而无可挑剔的穿着风格，他赢得了一个绰号，"Beau"，男人们无不遵从他的时尚意见。布鲁梅尔是时尚的杰出权威，尽管奢侈的生活方式让他在后来的生活中负债累累，但他能把一些寻常之物变得时尚起来。19 世纪初，男子气概的含义因他而产生了变化："布鲁梅尔发明了一个非常重要的男性现代服装原则，即'显见的低调'原则（conspicuous inconspicuousness）。意思是一个人必须穿着优雅，但又不能引人注目，不要引起不必要的注意"。（Vainshtein 2009: 94）

"Beau Brummel"是一位有着高雅品味与修养的时尚引领者。[16] 魏因施泰因解释说，这些新秩序之下的视觉游戏是英国纨绔子弟所引入的社会准则与表现模式之中的一部分。"在摄政时期，时髦的人们互相注视，仿佛在照镜子一般。他们对自己的身体作为一种可见之美而感到高兴，并对此有着坚定的信念"。（Vainshtein 2009: 85）

关于花花公子的负面观点

一直以来，人们对于男性有诸多的偏见和歧视，其中一个对象就包括毕生致力于时尚的"Beau"。迈克尔·卡特（Michael Carter）介绍了那些欧系学者如英国哲学家托马斯·卡莱尔（Thomas Carlyle）和美国经济学家索恩斯坦·凡勃伦等是如何看待花花公子（dandy）的：

卡莱尔把花花公子看作是种近乎病态的现象，这些人对外表的痴迷使他们偏离"正常"男性甚远。凡勃伦（[1899]1957）认为，要辨认花花公子，得看其外表在多大程度上以及何种层次上能融入现行男性群体中运作着的经济和社会原则。（Carter 2003:47）

德国社会学家格奥尔格·西美尔（Georg Simmel）也指出，女性，而非是男性，才是时尚以及时尚之中女性特质的坚定拥护者：

> 如果时尚说表达出了对于平等和个性化的冲动，以及制造工艺之美及其出众魅力，那么这也许可以解释为什么女性一般来说都特别拥护时尚。（Simmel [1905]1997:196）

S.A.M. 阿谢德（S.A.M. Adshead）在他的著作《1400—1800 年欧洲及中国的物质文化》（*Material Culture in Europe and China, 1400-1800*［1997］）中也曾指出时尚在西方是一种女性专长和实践。西方的服饰史表明，自我展示和对美的关注已经从男性的任务转变为女性的任务，男性曾在衣着外观上"比女性更具有装饰和装扮性"，但在 18 世纪末和 19 世纪，男性气质发生了深刻的重构（Flügel 1930），整个社会的价值观尤其是男性价值观随着工业革命的到来发生了深刻的变化。自此，时尚开始女性化，自我展示也就开始被视为是女性的专属。男性舍弃了服饰装饰，也即舍弃了时尚，开始穿上一些不那么浮华、颜色柔和、廓形简约的服装，比如传统的西装。根据弗吕格尔（1930:110-111）的说法，在 18 世纪末，男性服装的装饰特性突然骤减，男性可以说遭受了巨大的挫败，放弃了对于美丽的追求，他将这一戏剧性的转变命名为"男性时尚大扬弃"（Flügel 1930），即男性放弃了时尚、装饰和自我打扮，将对外表的关注留予女性。此后，男性的服装基本上都是标准的制服款式，尽管自我装饰仍然是一种"炫耀性消费"的表达，但这已不再是一个由男性支配的领域。由于男性再也不能通过自我装饰和浮华的外表来炫耀自己的财富，那些社会地位较高的男性就将时尚视为一种工具，通过装扮他们的女人如妻子、女儿和情妇，来间接地进行炫耀，并将这些女性作为一种炫耀的工具。（Simmel [1905] 1997；Veblen [1899] 1957）。

街头"花花公子"的运动鞋狂热

几个世纪以来，时尚属于女性这一观点一直占据着主导地位，但运动鞋爱好者正在改变这个状况，让时尚向最初的模样转变。时尚因为运动鞋而可以明目张胆地变成男性的事物，稀有运动鞋成为社会地位、财富和权力的象征。运动鞋爱好者们就像现代版的"Beau"一样，对自己的外观呵护备至。

纳撒尼尔·亚当斯（Nathaniel Adams）在 2013 年出版的《我是花花公子：优雅绅士的回归》（*I Am Dandy: The Return of The Elegant Gentleman*）一书中解读了当今社会对花花公子的现代性诠释：

> 这种状况以及其各种表现形式是带有强迫性、自恋性和悲剧性的；这些人就是无法以其他方式存在。真正的花花公子不会放弃任何一个细节，对他们来说，穿着打扮于他们而言并非一项工作——而是一种被某种看不见的力量召唤而来的神圣使命。这些人哪怕独自被困在荒岛上也要每天盛装打扮，用鱼骨当领带夹，用乌贼墨水擦鞋。这是一套完整的程序组合：衣着、环境、性格、行为、品味，所有这些在一起造就了他们想要的样子。（Adams 2013:8）

花花公子们对外表有一种无法抑制的浪漫痴迷，尤其是在服装和举止上（Adams 2013: 10），其狂热程度与运动鞋爱好者不相上下。尽管鞋迷们从不穿萨维尔街制作的西装配领带或者菲拉格慕的绑带皮鞋，但他们对运动鞋穿搭的"得体着装"有自己的定义。安德鲁·大和（Andrew Yamato）对当今的花花公子定义如下：

> 让服装本身成为一种目的（对花花公子而言）至关重要。最会穿衣服的人在乎的不是那些华贵的服饰可能带来的特权、尊敬或者性吸引力；他们是真心地热爱服装。他们精心而自信地穿着它们，从不因此炫耀也从不因此羞愧。这种毫不掩饰的真实正是男子气概的真谛；花花公子的精神从未失去它给人留下深刻印象的力量，更重要的是，它依旧是那么有趣迷人。（Yamato quoted in Adams 2013: 9）

鞋迷们正在复兴时尚，但为了避免"娘炮"，女孩和女人被运动鞋的社群拒之于门外。

运动鞋时尚的非正式规范展现在有限的鞋面空间上，运动鞋爱好者们用各式各样的创意方式进行 diy 以表达自己的身份。亚文化参与者们通过采用独特的风格来表达、促进和确认他们的成员身份，鞋迷们穿运动鞋的方式正象征着一套将其成员团结起来的价值观。保罗·威利斯（Paul Willis 1978）解释说，风格象征着亚文化的价值观以及亚文化与主流的关系。在这些运动鞋"花花公子"们的世界里，将细节作为一种重要符号化信息的作用也与"显见的低调"思路相一致，某些视觉信息可以通过精心编织的上色领巾、一枚朴素而时尚的戒指或者黑鞋底的靴子去进行编码（Vainshtein 2009: 94）。同样，运动鞋爱好者也被一些非正式的规范联系在一起，比如在运动鞋的正确穿着和保养上有一些微妙、有时还很复杂的注意事项。每一种亚文化都有自己的价值观和行为规范，运动鞋亚文化也不例外。

举例来说，白色运动鞋必须保持洁白如新、一尘不染[17]（图4.8—图4.10），这才能表明你是一个"真正的鞋迷"。曾经有一段时间运动鞋爱好者们甚至会随身携带牙刷，小心提防自己的鞋被人踩到，如果鞋被弄脏了，他们可以立即用牙刷去清理干净。一双运动鞋就应该看起来就像它们新买时刚从盒子里拿出来一样。这种情况也与凡勃伦对时尚的解释相一致：

> 时尚以一种实例的方式详细地展示了迄今为止所阐述的经济原理是如何应用在生活里的某些角度之中的。就这一目的而言，没有哪一项消费比在服装上的支出更能说明问题……优雅的服饰之所以能达到优雅的目的，不仅是因为它价格昂贵，还因为它是生活休闲的标志。它不仅表明穿着者能够消费得起这昂贵的价格，同时也表明他只消费而不用从事生产。(Veblen [1899] 1957: 171)

凡勃伦谈到了关于男士服装的优雅特性。优雅对于男性而言即意味着"干净整洁的衣服"，衣服或运动鞋上的白是一种休闲和地位的象征。运动鞋爱好者也会尽量避免在鞋上留下折痕，有一种被称为"鞋撑"的放在鞋里的小装置，放进鞋子这样鞋面就不会变形，或者也可以在穿鞋的时候穿一双或两双厚袜子，起到类似的支撑作用。

第四章
焕然一新的男性装饰

鞋带也是运动鞋时尚中一个重要的元素，是运动鞋那些不成文规范中的一部分（图 4.11—图 4.14）。加西亚曾谈到"纽约鞋文化中的禁忌"（2003:226-228），比如鞋带不应该系得太紧而导致鞋面的两边被扯到一起（Sake quoted in Garcia 2003: 226）；鞋带应该经常清洗，这样它们才不会看起来脏兮兮（Fabel quoted in Garcia 2003: 226）；彩色鞋带已经过时了，除非它们是糖果条纹色的（Jonny Snakeblack Fever quoted in Garcia 2003: 226）。这些非正式的鞋迷规范和习俗通通来自街头，也被圈内人所共同接受。

运动鞋爱好者会尝试不同类型、宽度和颜色的鞋带以及系鞋带的方式。一双运动鞋在出售的时候通常搭有两到三双不同颜色的鞋带，这样穿着者可以根据自己的意愿选择使用，用来搭配相应的袜子、裤子和衬衫等等。哈尔·皮特森（Hal Petersons）写道：

> 在匡威 Chuck 系列推出黑白色以外各种配色的款式之前，穿 Chuck 鞋的人往往会用各种不同颜色的鞋带来装点他们的鞋……Chuck 鞋自带的弹性扁柱状橡胶鞋带是最好的鞋带，直到 1990 年左右，厂商为了削减成本而用单层的棱状鞋带取代了它们。除了标准的扁鞋带或柱状鞋带，常见的还有超宽（扁平）鞋带，彩虹或红、白、蓝等不同的颜色编织的彩色鞋带，在许多跑鞋上能看到的细圆柱鞋带，正反面不同的双色鞋带，以及带有方格或其他符号印刷图案的鞋带等。
> (Petersons 2007:88)

一个人对运动鞋的兴趣会导致其对鞋的各种细节有更为深入的理解，包括鞋带和鞋带结构、鞋上搭载的技术以及鞋子的面料等诸多方面的不同之处。

　　追求限量版运动鞋：新奇狂与新颖热。虽然服装时尚产业每年都在以好几个新系列的速度迅猛发展着，但在整个时尚产业之中没有哪个领域像运动鞋产业和运动鞋消费那么地碰撞激烈、快速发展和竞争不休。几乎每隔一天就会有新款发布推出，并通过推特和 INS 更新发布。如果时尚是关于新奇的，那么没有东西比运动鞋还要更"新"的了。正如许多运动鞋收藏家对我说的那样，"保持'新'是至关重要的。"随着球鞋亚文化开始广泛地扩张，此时需要有一种策略来在鞋迷之中制造一些社会性差异，寻找并买到限量版运动鞋正是其中一种彰显身份、赢得圈子尊重的方式。有一些鞋迷会在专卖店安营扎寨好几天，只为等待某一款限量运动鞋的发售，甚至还因此发生过骚乱。为了搞到最新的限量版运动鞋，他们可以不择手段。2005 年 2 月，一款名为"Nike Pigeon Dunk"的限量款新运动鞋在纽约市中心的潮流商品店"芦苇荡"（Reed Space）里发售，发售前的好几天就已有数百名年轻人在寒风中开始排队，发售时的场面非常混乱，几乎快要引发暴乱一般，甚至惊动了纽约警察。这一事件第二天还曾登上了纽约邮报的头版。更近一些的在 2011 年 12 月 29 日，100 多名等待购买的顾客在纽约先驱广场的一家富乐客（Foot Locker）鞋店外排了几个小时的队，只为即将发售的一款复刻篮球运动鞋 AJ Retro 11 Concord，这双鞋售价 180 美元 / 双（Mattioli 2011）。这双鞋的原黑白配色曾在 1996 年发售过，当时的运动鞋藏家们在专卖店开门前就排队好几个小时等待，有报道称当时还发生了扭打，好多发售的城市不得不调集警察来维持治安。新颖是时尚至关重要的部分，也是时尚最为宝贵的部分之一。凯尼格（Koenig）将狂热的时尚追随者称为"新奇狂（neophilia）"（1973：77），他指出，相比于其他物种，人类对所有新事物的接受能力在某种程度上对时尚导向的行为至关重要（Koenig 1973:76）。类似地，罗兰·巴特将时尚与新颖联系起来：

所有的新颖热（neomania）之中都有时尚的缩影，这种对于新颖的狂热可能随着资本主义的诞生就已出现于我们的社会之中了：从商业机构的角度来看，新即一种值得被购买的价值。但在社会里，时尚之中究竟新在何处似乎已有一种明确的人类学功能，这种功能源于其模糊暧昧的特性：既难以预测又系统有条理，既恒定有规又未为人知。（Barthes 1967:300）

凡勃伦视新颖为时尚的一种元素（1964:72）："对新颖的要求是艰深而又有趣的时尚领域的基本原则。时尚并非简单地要求不断的波动和变化，单纯如此的行为是非常愚蠢的；那些波动、变化和新颖实际上来自时尚准则的核心诉求——显眼的浪费。"

此外，凯尼格（1973: 76）写道："尽管时尚的内容通常是其所处时代面貌的体现，但作为一种特殊的受控性行为，时尚的结构形式之中包含了某些在一开始就决定了时尚究竟为何的特定元素。"变化和新颖正是时尚所包含的两个重要特征，这一系统鼓励和控制着创造新奇的时尚风格定期产生变化；作为时尚内容的服装不断变化更迭，但时尚本身作为一种形式却是始终不变的。（Kawamura 2005:6）。

鞋迷们对于新款限量运动鞋保持着痴迷的渴望，这些宝贝永远不应该显旧或者有明显折痕。限量版运动鞋其稀有程度和价格的显见关联性正如下所述：

这种限量发售能诞生出一些传奇鞋款，比如 Nike Dunkle Low……或者 JB Classics MOTUG……最稀有、最抢手的鞋款价格可能高出天价，而且通常只在的特定地点发售。它们经常会出现在网络上被拿来进行拍卖，价格也毫无疑问会高昂无比……曾经的运动品牌依靠运动员代言来为自己的产品增加品牌信誉度和吸引力，而现在靠的则更多是艺术家和设计师。(Intercity 2008:7-8)

这些限量版运动鞋现在被运动鞋企业和零售商牢牢掌控。当下，运动鞋的市场之中会有诸多复刻鞋款发售，其中一些联名合作限量版本是以某些畅销的鞋款系列为基础进行改款而来的。本特森如此评述：

如今无论在世界哪个角落的人获得老款运动鞋都只需要简单到点两下鼠标，随便哪个有一台电脑和一个银行账户的人都可以在短短几天内积累起一批跨越各个时代的巨量球鞋收藏。运动鞋的淘金者依然到处都是……但现货却在慢慢枯竭，因为精明的零售商们意识到，他们的旧库存比新产品更值钱。(Bengtson 2013:89)

为了维持运动鞋的亚文化，一些个体或者运动鞋企业就必须不断拿出新的运动鞋，这样他们就能不断地有新信息来和大众分享、交流、维持群体的团结，以及交易新的运动鞋。一家运动鞋零售商说：

如今这些运动鞋之间的竞争都是为了炒作。这些公司故意制造热点，说即将推出的新版本鞋是限量的和独家的。年轻的孩子们狂热地相信如果他们搞到了某双鞋，那他们就会看起来很"酷"，他们的朋友就会尊敬他们。他们并不清楚那些新鞋究竟是好是坏，以及是否值得花钱，他们只会追逐炒作的热点。但是你知道吗？这对整个行业来说却是件好事。

球鞋界管这些狂热的家伙叫"hypebeasts"，这个词来自香港最受年轻男性欢迎的当代时尚和街头服饰网站之一 Hypebeast，该网站售卖的产品中就包括运动鞋，每天有超过 45 万名访问者，每月则有 1400 万人次。尤金·坎（Eugene Kan）是 Hypebeast 的前总经理，他在 2015 年 5 月离开这家公司，当时我采访他的时候他还在这里就职，他曾在我的电子邮件采访中解释了该网站的成功：

> 我认为 Hypebeast 能够引起消费者共鸣的秘诀一部分是激情，还有一部分则是批判性的眼光。这种批判的眼光有点难以形容，这并非天生的基因，而是一种不断寻求学习和参与新的有趣的文化运动所伴生的能力……说到底，我们的关注点或者说理念在于拥抱创造性，并为这种发现提供一个平台……我们非常感激人们对我们的兴趣感兴趣。

关于要发布在网站上的那些许多年轻人都认为是"很酷"的品牌和商品，坎解释了他的挑选原则和标准：

> 我试着不让这个挑选标准过于系统化或科学化……这似乎会让它变得不那么自然。确实，我们业务的某些方面可以从算法中受益，但我认为内容的选择却并非算力能及的。我们尝试对产品的呈现进行评估，因为这可能是产品内容中最为重要的方面之一……例如，如

果一个产品没有被恰当地展示呈现出来，那么它对于网站和品牌就有可能有负面影响，因为关于整个网站的审美会因此受到影响，品牌也没有得到最好的展示。当涉及实际产品的评估时，产品要如何呈现是在我们个人"酷"的感觉和大众的喜好之间的一个平衡点。

视觉美学的重要性无处不在：比如一件运动鞋产品是如何呈现的，或者一个人是如何穿运动鞋的。人们买下新运动鞋，穿上它们，给它们拍照并发到网上，让他们的朋友和同辈们知道这件事。粉丝数目和点赞数量被视为是一种在别处无法获得的社会性认可与接纳，但坎也看到了这些依赖社交网络新科技的年轻人身上一些负面的东西：

> 今天的年轻人想要创造他们自己的历史，而社交媒体对此予以了赋权。身处于社交媒体的世界之中，年轻人们认可的"通行货币"也是完全不同的东西，但关注者、点赞和转发数量并非一切，我觉得这些东西可能会带来一些毁灭性的后果，比如一些一心追求名声和人气的人可能会为了追求这些东西而不惜铤而走险。我一直怀疑但暂时没得到证实的是，是否正是目前的一些家庭生活的不当方式使得年轻人不得不诉诸自己的手段去融入社会，以及寻求认同。

在研究的过程中，我没有办法确切了解每一个运动鞋爱好者的社会背景和家庭背景，因为这需要花费大量的时间，还需要和每一个人建立信任和友谊。但正如坎所说，也许这些相关背景在一定程度上能够解释现在年轻人的种种行为，包括对于各种运动鞋的痴迷寻找。

第三波运动鞋浪潮：逐鞋如戏

正如之前在第三章中所提到的，我将运动鞋现象分为了三波浪潮或阶段：（1）前乔丹时代的第一波浪潮，（2）后乔丹时代的第二波浪潮，以及（3）第三波运动鞋浪潮。第三波浪潮与第二波浪潮有很多相似之处，但在竞争性和更迭速率上更为激进。

第一波浪潮时期的运动鞋收藏家们非常看重地下性，他们是这一时尚潮流的先驱者，至今仍受到圈内人们的尊敬。但如今的收藏家们更看重鞋的独特性和时尚性，而时尚的价值正是由其稀缺所决定的。第三波运动鞋浪潮是以社交媒体作为媒介的，通过媒介的互动，人们每一分钟都在交流和获取着最新的运动鞋新闻，当你发现某人的博客没有更新任何图片时，你很可能会感到无聊并迅速转移到其他人的博客上。而如果图片加载速度过慢，你也可能会感到不耐烦然后退出登录页面。寻找运动鞋这件事已经成为一种有赢有输的"竞技"了。加西亚解释说，他小时候一直渴望得到一双最酷的运动鞋，但很快他意识到，在这种运动鞋的竞赛中总会有人比他更酷：

> 我当时有一双蓝色帆布的 Super Pro-Keds。我永远忘不了那种感觉，那个难忘的时刻。我走出商店，直接就跳到了人行道上尽情地奔跑起来……可荣耀的时刻是短暂的。到了下一周，我看到我朋友穿着一双我从未见过的 Pro-Ked 60'ers。这让我大受震撼，我还觉得我很酷呢，但他比我更酷，他领先了我一步。我买第一双 Super Pro-Keds 就是想要合群时髦，但看到那双 60'ers 我立刻意识到，我想要的不仅仅是穿

上某个流行品牌，我还想要穿这些品牌里最酷、这些款式里最新的。嫉妒是七宗罪之一，免除嫉妒最简单的方法就是在这场运动鞋的游戏中始终领先于所有人……你还需要有钱以及有本驾照，才能到处去“狩猎”新的鞋子，直到 80 年代我找到第一份工作，这两样东西才有了着落。(Garcia 2003:16)

男性建立相互联系的方式是通过实际性活动，而女性则是通过互相分享情绪。男性之间的纽带是通过任务和各项活动而建立的，所以男性通过社交媒体的交流已经不仅仅是一种简单交流工具的使用了。男性世界的竞争是非黑即白的，不是赢就是输，而速度往往是竞争中的一个重要因素，尤其是在运动中，你赢是因为你快，或者你输是因为你太慢。从男性的视角来看，一切都是非黑即白的，比如篮球就是看你投篮的速度有多快，比如车也跟速度有关，价格昂贵的车往往跑得更快。胜利者是那些首先到达目标的人，而这种通过实际活动体现的竞争要素正是男性个体之间构建团结和相互纽带的一种方式，男性很少会坐下来和同伴分享他们的感受和情绪。虽然运动鞋爱好者们在追寻鞋的过程中互相竞争，但他们对彼此都怀着尊重之心。他们互相之间会交换和分享关于鞋的信息，相互展示他们买的新鞋，并把它们发布到网上，并心照不宣地对那些属于同一圈子的玩家表达认可。

运动鞋圈子中的许多玩家也经常光顾一些时尚主题论坛，如NikeTalk、Hypebeast、StyleForum 和 Superfuture 等等。在那里，他们会讨论各种不同的运动鞋风格、外观和各种不同的设计师系列。在论坛里他们会晒出最近买的东西和穿的衣服的照片，在 Superfuture 上发的穿搭帖子还会打上"WAYWT"（意思是你今天穿什么）的关键词标签，运动鞋也有类似的 WAYWT，用户可以对帖子点"rep"（赞同）或"neg"（反对），这个功能和 Instagram 上的"赞"类似。这些帖子在网上寻求大家对其风格的认可或者意见，看看自己是否正确地遵循了潮流规范，或者是否搭配出了一套得体的穿搭，买好衣服、搭出对味的造型在这儿几乎成了一种强迫症似的。

对鞋的共同热爱、激情和痴迷使得这些男性青年之间建立起了友谊，作为这个群体的一部分，他们能感受到一种无可置疑的情感依恋和参与感，而这是这些男青年通过他们的社会化进程来维护和再次确认其男子气概霸权的方式。科技使得我们的知识、信息和消息尽可能广泛地传播开来，但与此同时，我们的信息却很难被保密。技术加速了民主化，但同时也减少了独特性，正因为独特性很难维持，所以它在今天才变得人人渴求。运动鞋爱好者的年龄如今变得越来越小，现在寻找和收藏运动鞋在初高中男生中非常流行。随着他们日后年龄的增长，象征着地位和代表着财富、威望与权力的物品可能会从鞋升级为汽车、电子产品和房子，等等。这些年轻人还非常能接受智能手机和社交媒体工具，一位运动鞋收藏家说："如果一个人给你发了一条推特私信，你一个小时都没有回复，那就太慢了！你应该在四五分钟内甚至更短时间内回复！如果你身处这个运动鞋游戏之中，你的反应要非常快才行！"

运动鞋亚文化的商业化及扩散

运动鞋这种商业导向的亚文化如今已是一个价值数十亿美元的产

业。当下的今天，暴露的身体、奇怪的穿孔和蓝色牛仔裤都已不再会招致道德上的恐慌：因为它们往往有助于创造新的市场机会，通过能够产生新销路的风格创新从而服务于资本主义（Clark 2003: 229）。结果是那些激进的亚文化群体会使用消费产品来宣告他们的独特性，而其编码也逐步为整个社会所可读，并被同化于更大的文化范畴之中（McCracken 1988:133）。杰姆逊（Frederic Jameson 1983: 124）也曾有过类似的解读，他认为对于当代社会而言，当代艺术无论是在形式还是内容上都已很少有不可容忍与无法接受之处，所有的艺术类型都因社会的大幅进步而被接纳。此外，克拉克还指出，到 20 世纪 70 年代初，随着商品化的汹涌浪潮，一些艺术家因其成为富有的艺术明星而被认为丧失了艺术格，随着这些浪潮被融入主流社会，一些人感到青年亚文化已日益成为愈发强大的消费社会的一部分，而非主流社会的逆反者。（2003: 225）。

在我之前对法国时尚体系（2004）的研究之中，我将时尚视为一种给时尚学研究奠定了理论基础的有组织体系，并分析了如何将时尚作为一种机构性或者组织化的体系进行实证研究。大量包括设计师和许多其他时尚专业人士在内的时尚相关个体共同参与着时尚活动的实践，对时尚有着相同信念的他们共同参与生产和延续的不仅是时尚的意识形态，还有由持续的"时尚"生产所维持着的时尚文化（Kawamura 2005:39）。这一观点同样适用于那些源自亚文化之中的时尚，没有任何机构所支持的亚文化是身处边缘的、充满未知的、被遮蔽着的。类似于日本的青年亚文化，一些亚文化之所以广泛地传播开来，是因为它们都有各种机构的介入与合作，比如各种赛事、零售商、杂志、报纸、网站和博客，等等（Kawamura 2012）。[18]

一两家店铺是不足以让一群粉丝或追随者成为某个既定的亚文化群体的——而且，那些有倾向进入某个亚文化群体的人往往不喜欢那些主流的品位、信仰或生活方式，这些人享受着寻找独一无二的、别人没有或者没人穿过服装单品的过程。某种亚文化若要获得更大的存在感，就必然需要通过媒体、零售商和社会名人来进行广泛的传播。具有讽刺意味的矛盾之处在于，亚文化本应是边缘化的，但当成员开始使用社交媒体交换关于社群和他们自己的信息时，那种排外性体验就会被减弱或消失掉。

那些新的亚文化不会在商业性上持续发展或者扩张，除非有各种回应着消费者需求的机构的助推。时至今日，运动鞋亚文化正在广泛地传播着，在某种程度上，是那些运动鞋厂商公司主导了如今的运动鞋潮流。当下已没有人再会在商店里转来转去，要求售货员给他们展示旧鞋存货，或者试图找到某些不知名的鞋款。

2015年2月，坎耶·韦斯特和阿迪达斯合作的一款名为"椰子"（Yeezy 750 Boost）的新款运动鞋在纽约首次亮相。这一消息在那些渴望得知该鞋何时在全球发售的运动鞋玩家中引起了不小的骚动。每当厂商们推出一款限量合作款，运动鞋收藏者的胃口就会被吊起来，这是亚文化通过商品化和商业化来进行扩张的一种方式，运动鞋被作为一种物质和非物质的文化物品被亚文化成员们所消费，而消费正是在创造亚文化身份的过程中一种非常重要的亚文化体验。

电影和音乐之中的运动鞋

正如博世（Böse 2003: 170）所说，文化产业的全球资源使得（亚）

文化符号和实践——从老式训练鞋到身体穿孔，从刺青到文身——得以在世界各地迅速传播开来。也可以认为，文化产业将亚文化的意象视为是可销售的和商业性的：

> 早期的朋克非常依赖音乐和时尚作为其表达方式，事实证明，这让其很容易成为商业机构的目标……从策略上讲，亚文化在音乐和时尚风格上的决定性优势——其创造力、叛逆性和警示性——被新来的文化产业给抢占了先机，后者大规模地生产着商品，并消磨了朋克的真正神韵。(Clark 2003: 227)

毫无疑问，说唱音乐和运动鞋之间有着强烈而不可分割的联系。在音乐场所之中运动鞋是随处可见的。20 世纪 70 年代，嘻哈文化与说唱从美国纽约兴起，这些给年轻人发声的音乐表达了青年对于当局和体制的愤怒、幻灭以及失望。当他们无处宣泄之时，音乐这就是他们的情感出口。嘻哈文化结合了说唱音乐、DJ、霹雳舞和诸如涂鸦在内的街头艺术，以及作为他们着装规范中的一部分——运动鞋。他们逐渐形成了自己的服装风格，即宽松的牛仔裤和印有大 LOGO 的超大 T 恤，这些服装与他们造型中不可或缺的运动鞋很是相配。当嘻哈文化在 20 世纪 80 年代中后期成为一种时尚理念时，一尘不染、不系鞋带的运动鞋也被整合进去成为一种必不可少的风格符号，以搭配大号牛仔裤和运动服组成整体造型（Gill 2011: 383）。

说唱组合"Run DMC"的成员们在发行《我的阿迪达斯》（*My adidas*）这首歌的时候，早已经穿了一段时间的 adidas Superstar 运动鞋（图

4.15)。这是又一次意义非凡的、使得隐藏于地下的运动鞋亚文化浮出水面为公众所知的合作。《我的阿迪达斯》和 Run DMC 的这个尝试是嘻哈文化走出"贫民区"、进入时装店的一个关键节点，那时他们是第一个尝试着把某品牌（brand）带入乐队（brand）之中的团体；时到如今，已经几乎没有哪个嘻哈歌手不是在售卖音乐的同时也在售卖其全套的服装配饰（Miller 2013: 149）。这首歌让 Run DMC 和阿迪达斯签下了百万美元的合同，其产生的巨大反响也使得其他运动鞋公司也纷纷效仿，和说唱音乐人展开合作。此后，运动鞋出现在了无数的嘻哈歌曲之中。[19] 随着嘻哈文化在世界范围内的广泛流行，运动鞋还影响到了英国朋克摇滚乐坛（Lv and Huiguang 2007: 237-238）以及 90 年代的垃圾摇滚乐坛，他们使得一些运动鞋越来越广为人知，比如匡威的 All Star，因为涅槃乐队的科特·柯本（Kurt Cobain）总是穿着这款鞋。当他自杀被人发现时，脚上穿着的就是一双黑色的匡威鞋。

卡拉米娜（Karaminas）解释说，流行音乐、身份认同和时尚之间存在一种共生关系：

> 时尚产业设计和创造着各种服装，而流行音乐产业则是通过消费时尚商品去销售一种生活方式（借助流行音乐和摇滚明星）。时尚和风格从视觉上对应着音乐的表达——姿态，这种"外观"互相融合从而创造出一种亚文化景观，这种景观会通过时尚领袖、记者、潮人和时尚买手被主流所征用。商家常常试图将亚文化对于酷的追求这一颠覆性的诱惑进行资本化，这对于向年轻消费者售卖任何产品来说都是非常有价值的。（Karaminas 2009: 349）

运动鞋也出现在许多电影之中并扮演了重要的角色，塑造出了某些类型运动鞋特定的形象（见表4）。对于运动鞋而言，这是一场声势浩大的宣传活动，一些款式的运动鞋因此成了一种时尚潮流。比如1982年，一部关于南加州青年的电影《开放的美国学府》（*Ridgemont High School*）使得 Vans 的一脚蹬成为热门商品。电影导演艾米·海克林（Amy Hackerling）讲述了其来由：

> 电影人物杰夫·斯皮科利的扮演者西恩·潘（Sean Penn）亲自带来了这双 Vans 一脚蹬，我真的是很喜欢这双鞋。我是在东海岸长大的，那时候每个人都穿着白色的运动鞋，而 Vans 的款式是我最喜欢的。这双鞋和我以前看到的款式很不一样，非常很有个性。当西恩给我展示这双鞋来搭他的人物造型时，我坚信了他的判断。（Amy Hackerling quoted in Palladini 2009：130）

在20世纪80年代初时，Vans 并没有大规模进行市场营销，他们唯一做的广告是在滑板杂志上。但在这部电影之后，Vans 在整个美国都出了名，每个人都想变得像电影中的斯派克·李一样酷。

在斯派克·李的处女作《稳操胜券》（*She's Gotta Have It*，1986）中，李本人扮演了一个角色马尔斯·布莱克蒙，这是一个对运动鞋着迷的失业男子，而且他从来鞋不离身。电影中 AJ 1 篮球鞋的出现被认为是 Air Jordan 系列运动鞋大获成功的原因之一，此外，AJ 4 也在李的另一部电影《为所应为》（*Do the Right Thing*，1989）中出现。AJ 4 是 Air Jordan 系列中最受欢迎的鞋款之一，其各种微调设计及配色的复刻版本曾发售过好多次。

表 4：电影中的运动鞋

年份	电影名称	运动鞋
2010	《死亡游戏》（*Game of Death*）	Onitsuka Tiger Tai Chi
2010	《罗宾汉也疯狂》（*Robin Hood: Men in Tights*）	Reebok Pump Omni Zone
2005	《学校万花筒》（*School Daze game*）	Nike AJ II
2005	《罪恶之城》（*Sin City*）	Converse Chuck Taylor
2004	《水中生活》（*A Life Aquatic*）	adidas Zissou
2004	《我，机器人》（*I Robot*）	Converse Chuck Taylor
2003	《迷失东京》（*Lost in Translation*）	Nike Air Woven
2002	《牙买加黑帮》（*Shottas*）	Nike AJ XII
2002	《血腥工作》（*In Blood Work*）	Converse Chuck Taylor
2001	《放电无罪》（*One Night at Mac Cruise*）	Converse Chuck Taylor
2000	《赤色通缉令》（*The Crimson Rivers*）	Nike Air Jordan IV Retro
1998	《单挑》（*He Got Game*）	Nike Air Jordan VIII
1997	《森林泰山》（*George of the Jungle*）	Nike Air More Uptempo
1996	《空中大灌篮》（*Space Jam*）	Nike Air Max Triax
1995	《真情世界》（*The Cure*）	Converse Chuck Taylor
1994	《阿甘正传》（*Forrest Gump*）	Nike Cortez
1994	《疯狂店员》（*Clerks*）	Asics Gel Saga II
1993	《滑板少年》（*The Skateboard Kid*）	Converse Chuck Taylor

年份	电影名称	运动鞋
1992	《黑白游龙》（White Men Can't Jump）	Nike Air Command Force
1992	《哈雷兄弟》（Juice）	Reebok Pump Twilight Zone
1992	《过路财神》（Mo' Money）	Nike AJ VI
1991	《街区男孩》（Boyz n the Hood）	Nike Air Flow
1991	《英王拉尔夫》（King Ralph）	Nike Air Max 9 0
1991	《纽约黑街》（New Jack City）	adidas Phantom Hi
1989	《回到未来 2》（Back to the Future II）	Nike Air Mag
1989	《为所应为》（Do the Right Thing）	Nike AJ IV
1989	《蝙蝠侠》（Batman）	Nike Air Trainer III
1989	《爱听闻》（See no Evil Hear no Evil）	Nike Air Pegasus ACG
1989	《依靠我》（Lean on Me）	Nike Air Max 87
1989	《术士》（Warlock）	Nike AJ II
1989	《利维坦》（Leviathan）	Nike Air Max 87
1989	《滑出彩虹》（Gleaming the Cube）	Converse Chuck Taylor
1988	《长大》（Big）	Nike Air Force II
1988	《热望》（High Hopes）	Nike Orange Flame
1988	《不设限通缉》（Running on Empty）	Converse Chuck Tyalor
1988	《打工女郎》（Working Girl）	adidas classic

年份	电影名称	运动鞋
1987	《警察学校 4》（*Police Academy 4*）	Nike Air Jordan 1
1987	《东镇女巫》（*The Witches of Eastwick*）	Nike Dunk Low
1986	《稳操胜券》（*She's Gotta Have It*）	Nike AJ 1
1986	《S 滑入》（*lushin'*）	Converse Chuck Taylor
1985	《回到未来》（*Back to the Future*）	Nike Vandal
1985	《七宝奇谋》（*The Goonies*）	Nike Terra T/C
1985	《龙拳小子》（*The Last Dragon*）	Converse Chuck Taylor
1985	《早餐俱乐部》（*The Breakfast Club*）	Nike Internationalist
1985	《魔鬼特训营》（*Heavy Weights*）	Nike Air Huarache Light
1985	《少狼》（*Teen Wolf*）	adidas Tourney
1985	《回到未来》（*Back to the Future*）	Converse Chuck Taylor
1984	《街头舞士》（*Beat Street*）	Puma Suede
1984	《比弗利山警探》（*Beverley Hills Cop*）	adidas Country
1984	《终结者》（*The Terminator*）	Nike Vandal
1984	《霹雳舞》（*Breakin'*）	Nike Blazer
1984	《警察学校》（*Police Academy*）	adidas Summit
1982	《开放的美国学府》（*Fast Times at Ridgemont High*）	Vans Slip-on
1982	《银翼杀手》（*Blade Runner*）	adidas Official

年份	电影名称	运动鞋
1982	《杜丝先生》（*Tootsie*）	Puma Suede
1980	《麦维卡尔》（*McVicar*）	adidas TRX
1976	《1976 总统班底》（*All the President's Men*）	adidas
1974	《1974 外星人》（*Aliens*）	Reebok Alien Stomper

资料来源：根据加里·瓦内特（Gary Warnett）整理的一份名单信息。

日益发展的街头服饰之中的运动鞋

在过去的十年里，包括运动鞋在内的街头服饰产业一直在扩展其影响力及扩大其市场，其正在成为一种有其惯例传统和商业展会的时尚类型。街头服饰（Streetwear）指的是一种受到滑板、冲浪以及嘻哈文化启发而形成的一种独特的男装风格，这是一种直到最近一些年才被主流时尚关注到的时尚类型。斯蒂芬·沃格尔(Steven Vogel)解释了何为街头服饰：

街头服饰并不是说你穿了什么或者怎么穿，而是一整套亚文化所生产的、在艺术和服装上通过视觉和身体所表达出来的共同理想和体验。对于街头服饰而言，它所带来的感受才是至关重要的。（Vogel 2007:337）

正如运动鞋爱好者们所创造的那种无言的交流纽带一样，街头服饰文化也有其独特的精神内涵。沃格尔进一步谈道：

街头服饰处在具有强烈独立性的城市亚文化的中心地位……并

美国拉斯维加斯 Magic 服装博览会（The Magic Market）是世界上最大的服装贸易博览会，其创办于 1933 年拉斯维加斯，曾组织过许多场关于街头服饰的贸易展会，纽约 Agenda 商贸展则是另一个发展迅速的服装贸易展会。与此同时，不少由年轻潮男主理的街头服饰公司也开始与运动鞋品牌合作，生产一些限量版本的运动鞋：

街头服饰基本属于是男孩们的日常休闲服饰，其中元素包括牛仔裤、平角内裤、T恤、运动裤以及衬衫、飞行员夹克、棒球帽和运动鞋等。街头服饰的廓形或结构并不重要，真正吸引街头服饰爱好者的是衣服上的印刷设计和图案设计 [20]。街头服饰与体育和音乐一样，被包装成是一种吸引着全世界男青年的特定生活方式，现在这是一个不断发展着、并逐渐成为主流的产业。对此亨弗莱（Haenfler）恰如其分地发问道：

> 亚文化主义者……惯于认为自己是与主流的资本主义社会（通常包括商业社会）是对立而且独立的，是优于他们的。然而亚文化的生活却是依赖于生产和消费的，如此，地下经济和来自主流的笼络之间，其界限又何在呢？（Haenfler 2014：139）

对于亚文化者们而言，创造隐蔽而独一无二的文化和开设公司赚得丰厚的利润这两者之间存在着矛盾。一些人认为过度商业化的亚文化是不可靠的，因为亚文化应该是反主流和反支配的，20 世纪 70 年代第一波运动鞋浪潮之中出现的品牌完全忠实于他们的地下亚文化哲学，保持着自身处于边缘的位置。例如 20 世纪 70 年代由一群涂鸦艺术家和滑板爱好者创办的、源自街头文化的服装品牌 Zoo York，几乎没什么人知道这个品牌的存在，而这种边缘感恰恰是他们的卖点。如果一旦一个街头服饰品牌靠近了主流，它就会迅速"售罄"。

Supreme 是一个创办于 1994 年的品牌，同时也是街头服饰品牌试图忠于街头文化意识形态一个很好的案例，《纽约时报》记者亚历克斯·威廉姆斯（Alex Williams）对其描述很贴切：

> 穿着西装的路人露出疑惑的表情，但于 Supreme 而言这根本无关紧要。无意冒犯，但如果你不知道 Supreme，也许是因为你本就不应该知道。在这个品牌存在的 18 年里，大部分时间 Supreme 都隐没于圈

Supreme 由詹姆斯·杰比亚（James Jebbia）在纽约创办，最开始这个品牌主要面向的对象是滑板爱好者，同时也向一些小圈子里的青年售卖街头服饰。但与此同时，它也与一些知名厂商合作，如 Vans、Nike、Comme des Garçons（图 4.16—图 4.18）；这个牌子从不标榜自己的产品是"限量版"，但每种产品都只少量发售。Supreme 已经成为所有想进军街头服饰者的榜样，在此，"独有性"和"边缘性"再一次被拥抱，成为社群构建之中的关键部分。

作为后现代时尚的运动鞋：跨越分类边界实用性和审美性是两种互相对立的功能，但运动鞋爱好者们证明它们确实是能够共存的，正如读者可以从本书提供的图片中看到的那样。时尚从来不只是富裕阶层的专属私藏，对装饰和自我展示的渴望是跨越文化、阶级和种族的，是人皆有之的。布迪厄（Bourdieu, 1984）暗示工人阶级对自我审美装饰是不感兴趣的，但在运动鞋爱好者这里，这个观点得以被驳斥。早在运动鞋公司开始发售限量版运动鞋来满足收藏家们的胃口之前，爱好者们就已会给运动鞋进行涂鸦装饰和上色，来打造一些独有的运动鞋审美外观。对于他们而言，在公园里打篮球的时候穿上一双特别而显眼的鞋子是非常重要的。运动鞋潮流的扩散使得运动鞋成为一种堂而皇之的时尚，它们努力地突破了实用性和装饰性之间的界限。后现代性的最大特征是文化和社会的边界与分类的消失，后现代主义元素可以在诸多的文化现象之中找到，比如音乐、艺术、电影和时尚，在此其中的传统和规范标准要么受到挑战，要么受到质疑。赖利和考斯比举了一个后现代时尚的例子：

> 设计师可能会将一件柔软而飘逸的"浪漫"衬衫与一条黑色皮裤与牛仔靴相搭配。传统上属于不同场合或者不同正式程度的服装风格，比如无尾礼服外套和水洗色牛仔裤，也是可以配在一起穿的。比较正式的面料如缎面和天鹅绒，可用于休闲服装的；休闲一些的面料如牛仔布和针织衫，也可以用于正式服装的。来自世界各地的服装或纺织品风格、图案或者工艺尽可组合在一起，形成一种多元的文化外观。(Reilly and Cosbey 2008: 15)

后现代观念拒绝和否定一切形式的分门别类，因为这些分类是流动的，是社会建构的，随时都有可能被打破摧毁，所以是站不住脚的。一双运动鞋到底是属于休闲配饰还是高级时装，其功能到底是用于装饰还是运动，这些问题在后现代语境中变得无足轻重。运动鞋正逐渐超越阶级和种族的范畴，从地下走向了更为可辨的社会表层上。然而，尽管这些鞋向世界传递了后现代的信息，它们仍固执地坚守着一个标签，那就是"男性"，因为男性需要确保自己的时尚实践是非女性的。

结语

　　追求限量版运动鞋的运动爱好者越来越多，男青年们也把自我展示和时尚视为男性的专属，并把女性拒之于门外。运动鞋由实用性功能逐渐转向了审美功能，被男性曾经所放弃的时尚和装饰现在又卷土重来了。在社交媒体的助推之下，运动鞋亚文化的商品化使得运动鞋变得广受追捧，成为时尚单品。在如今的后现代时代，男性事物和女性事物之间的绝对界限正在消弭，但运动鞋的爱好却并没未能进入女性的领域，相反，运动鞋爱好者们正在创造属于他们自己的男性专属时尚领域。

5

第五章

涂尔干视角下的运动鞋亚文化

The Sneaker Subculture
from Durkheimian Perspectives

　　正如当代文化研究中心（CCCS）的不少研究人员所做的那样，许多对青年亚文化群体的研究都是从西方马克思主义视角展开的，他们的关注点在于造成不平等现象的阶级和社会差异。但在我对运动鞋亚文化的考察过程中，我发现一些其他亚文化研究中经常出现的关键概念，如阶级、抵抗和偏差（deviance）等，似乎并不像性别那样具有突出的意义，正如我在前面的章节中所分析的那样。对运动鞋亚文化的西方马克思主义解读可能适用于讨论第一波运动鞋浪潮，但却并不适宜于当下的运动鞋浪潮。当对运动鞋爱好者以及他们的社群进行实地考察时，我不禁想起了埃米尔·涂尔干（1858—1917）在 19 世纪所提出的那些关于社会凝聚力、归属感、失范（anomie）以及集体良知等与现代性相关的论述，其理论之中一些关键概念使得我们能够洞察某些寻常无法得见的社会现实。对涂尔干这些概念的研究正是对某些社会现象进行分析和解释（如青年亚文化）的第一步。

涂尔干出生并成长于法国洛林，在巴黎高等师范学院（École Normale Supérieure）获得学位后，他于 1887 年受邀到波尔多大学任教，在那里他创办了法国第一份社会学杂志《社会学年鉴》（*Année Sociologique*）。涂尔干希望社会学能够成为一门正式的细分学科，因为在此之前，社会学只是经济学和历史学的一个分支。涂尔干是最为重要的社会学家之一，他与卡尔·马克思、马克斯·韦伯共同奠定了社会学理论的基础，尤其是关于结构功能主义。涂尔干试图揭示外部社会力量是如何影响人们的行动和决定的，他对社会的关注点其中之一在于那些社会凝聚在一起的元素。在我看来，这个问题正与当今日益增长的青年亚文化有所关联，这些亚文化群体松散却又强有力地结合在一起，在纽约乃至全世界都已初具规模。涂尔干的重要著作包括《社会分工论》（*The Division of Labor*，1893）、《社会学方法学的准则》（*Rules of the Sociological Method*，1895）、《自杀论》（*Suicide*，1897）和《宗教生活的基本形式》（*The Elementary Forms of Religious Life*，1912）。

在这一章之中，我将分析涂尔干的各种理论概念缘何以及如何能应用于我对运动鞋亚文化所进行的社会学分析。涂尔干曾比较城市生活与农村生活，对人们向现代生活的发展进行了研究，他所讨论的内容显然是关于现代性而非后现代性的，但他的叙述以及所描述的关于现代性的那些东西在后现代社会之中都被进一步强化、提升和加速了。

连接理论与实践

类似涂尔干所做的那样，从理论的角度对亚文化进行解读，其目的何在？因为社会学无法脱离理论而存在，一个没有理论支撑的社会现象将沦为对我们周围发生的事情的简单描述。米尔斯（Mils，1959）认为，如果理论不与实际研究相连接，它将仍然是抽象的、没有任何具体证据的概念，也因此是毫无意义的。社会学的理论必须能够体现出人的生活方式。同样，相关研究也是需要理论支撑的，因为如果没有理论，研究将只是对一系列已发生事实的罗列，讲这样的故事将不需要熟谙社会学或接受什么社会学训练。

理论与研究密切相关。因此，对于理论的意义以及理论与实践之间关联的理解是很重要的。当我们谈到"实践"时，我们指的是涉及方法论探究的研究实践，而事实和证据正来源于实践。那些抽象而具有概括性的理论似乎与我们所生活的现实世界和社会并无关联，但事实上，我们看待世界的方式是取决于我们的理论视角的。包括涂尔干在内的结构功能主义者时常会关注人与社会的功能，他们暗示一切事物都有其存在的目的和理由；否则，其就会慢慢殆亡或消失。另外，如果研究从作为马克思主义外延的冲突理论视角出发，也会相应地产生批判性的视角。

因此，理论与诸如某种时尚现象或者运动鞋收藏实践等的现实生活是紧密联系在一起的。理解理论就是去更大程度地理解我们是什么，我们是谁，以及这个世界是如何模样。实践性的问题是特定理论假设的具体体现，对于理论更有意识的觉察将使我们能更好地观察、分析和批判某些社会状况，无论这些状况是关于性别、阶级、种族，还是时尚议题。

理论帮助我们一再重组这个杂乱无章的世界，赋予其意义，并指导我们如何或应该如何在这个世界中自处。理论是从某一组命题或概述发展产生出来的，这些命题或概述以某种系统的方式建立了事物之间的关系，它们来源于人们通过观看、倾听、触摸、察觉、嗅闻和感受所收集到的信息。基于此，本书中的研究实践是针对于由那些对于运动鞋充满热情的爱好者所组成的运动鞋社群的，而用来解释运动鞋现象的主要理论框架可以是涂尔干的框架，以及其他人的框架，如赫比奇（Hebidge）、桑顿（Thornton）和布迪厄（Bourdieu）等人。

此外，除了涂尔干的理论，对于个体主观意义的理解，也即马克斯·韦伯的解释社会学（interpretive sociology）也可应用于运动鞋亚文化以及其他亚文化的研究之中。人们并非只是简单地对行为进行反应，还会参与各种有意义的活动，也正是人们自己创造了这些活动的意义。对于社会学家而言，其任务不仅是观察人们的行为，同时还要解读其背后意义，以及他们为什么会这样做。运动鞋买卖并非只是一个简单的动作，这个动作背后还有更为深层次的含义，甚至可能参与实践的个体都没有意识到。因此，与运动鞋爱好者进行对话并深入了解他们对运动鞋的那份热爱和痴迷是具有重要社会学意义的，其中一个爱好者曾对我说："我的鞋比我女朋友或妈妈还重要。"虽然这只是一个幽默的说法，但社会学家会尝试解释这些话语背后的真正含义。

从现代性到后现代性的过渡

现代社会最为突出的特征是技术的进步、工业化、个人主义和理性，所有这一切都意味着现代社会是坚定的、确定的、牢固的。人们会做出理性的、合乎逻辑的选择，因此，他们的行为是可以预测的。发达国家正在进入一个被称为后现代性的新历史阶段，没有人能确切地告诉我们现代性是何时结束的，后现代性是何时开始的，但两者之间仍然存在着不少重叠之处，诸如经济全球化、技术进步、内外边界的模糊或瓦解、范畴化等现代性特征在后现代性中得到了进一步强化。

文化动荡和动乱的迹象无处不在，一场广泛的社会和文化变革正在发生着，克拉内（Crane，2000）和马格尔顿（Muggleton，2000）提出的后现代性概念捕捉到了这场变革的某些方面。从现代性到后现代性的转变是社会、政治和文化变化作用于不同社会群体之间关系的结果，现代性假定不同类型和流派的审美及风格的表达之间存在明确的区别，而后现代性则不再坚信这些类型分类是合理的或者是有意义的。在此，合理与不合理几乎无法被定义，而这种意识形态以及分类方式的转变与对于时尚的讨论非常相关。

正如本书中之前提到的，时尚强调新奇和变化，这正是后现代主义文化形式的缩影。后现代性因为充满了模糊和矛盾而难以被定性。不同于现代性，后现代性没有其固定或多重含义，意义在此是不稳定的、矛盾的、不断变化的。青年们创造的亚文化身份也是流动的，因为他们的成员归属是灵活的，如果他们愿意，他们可以从一种亚文化跨越到另一种亚文化中去。

克服后现代社会的加速失范

现代性催生了"失范"。这是涂尔干创造的一个术语，这个词是理解现代性的核心。它的字面意思是没有规范，这也是现代城市化和全球化的一个意外后果。

社会失范是指社会处于没有规范的状态，或存在着多种规范，导致人们无法去选择某种规范。我认为，涂尔干的失范概念在我们的社会过渡到后现代的过程中进一步被加速和加强了。人类在本质上是一种遵循规则的生物，因为规则赋予了我们生活的基本构架，一群年轻人可能会在某个特定的语境之中排斥和挑战规范，但是他们还是会寻找他们所欣赏并能够遵守的其他替代性规范，这就可能导致并鼓励他们中的一些人去塑造或者参与某个有着不同规矩遵循的亚文化，无论这种规矩是鞋带的绑法还是时不时改变的颜色，因为这些都体现着成员的身份以及对于整个社群的忠诚。亚文化由内部成员所指定的一些自发性规矩形成，正是这些规矩将人们联系在了一起。

菲利普·伯纳德（Phillippe Bernard）在他的文章《社会失范的真实本质》（The True Nature of Anomie, 1988: 93）中将社会失范定义为"以模糊的目标和无限的渴望为特征，一种因与可能过于宽阔的视野对抗而产生的茫然迷失"。现代性在给个体提供了多种机会和可能性的同时，也使人们对所面临的种种选择感到困惑，这甚至可能导致社会的混乱骚动。亨弗莱（Haenfler）还提到了后现代的不可预测性和不稳定性（2014: 118）："后现代身份是暂时的，不稳定的，以及流动的。"

一个个体的亚文化背景会告知这名成员自己该做什么，要遵循什么，如何表现等。作为一个"真正的运动鞋迷"，其成员需要跟进最新的潮流趋势，去获取限量版运动鞋，要确保他们的运动鞋总是干干净净、几乎全新，了解最新的鞋带款式是什么样子的，下一个运动鞋展会将在哪里举行，以什么价格去购买或出售哪双鞋，诸如此类。

社会凝聚，共同意识，以及机械 / 有机团结

　　失范的状态会降低社会凝聚力水平，因为无法对于何去何从作出决定将意味着人们不知道自己该属于哪里或哪个群体。在涂尔干看来，太少（或过多）的社会整合或凝聚对于个体和社会而言都是有害的。

　　涂尔干最关心的问题之一是社会整合、团结和凝聚，换言之，人们在多大程度上相互联系，以及是什么将社会维系在一起。用可量化的数字来衡量社会凝聚力的水平并不是一件容易的事情，但涂尔干在其广为流传的社会学著作《自杀论》（1897）中通过分析自杀率对此进行了尝试，他在书中分析了人们自杀的原因，认为自杀率的高低与社会凝聚的深度和程度有关，而社会凝聚的程度也同样会影响个体的幸福感。

　　此外，涂尔干在《劳动分工论》（1893）中还谈到了分别存在于传统社会和现代社会中的机械团结和有机团结，他以宗教为主要参考进行了分析。涂尔干解释说，不断增长的人口密度破坏了社会赖以凝合的机械团结，因为在机械团结之中，人们拥有共同的信仰和相似的职业，在前工业时代，人们在食物的收集、生产和消费等方面基本上是自给自足的，个体的差异被最大限度地减少。涂尔干还指出，宗教图腾在将人们聚集在一起，以及在创造一种共同的"集体认知"方面也发挥了

重要的作用，传统、仪式和惯常习俗带来了集体意识，某个物品因此成为一种图腾符号，而这种集体意识在机械团结的传统同质社会中可以是互通的。

随着时间的推移，机械团结被进一步发展的社会之中的有机团结所取代，即个体之间因高度复杂的劳动分工所产生的相互依赖而凝合。在现代城市环境中，我们每个人都有自己专门的任务，因此，我们无法自给自足，需要相互联系。涂尔干解释说，正是劳动分工为现代人的团结方式奠定了基础。随着社会的日益现代化，人们的劳动分工也在加速，而劳动是多层次、分级化的，这意味着人们必须相互依赖、相互合作才能生存，因为一个人不可能自己做所有的事情，人们在身体上和精神上聚在一起因此成为必须。此外，人们各自的社会任务也变得更为具有个体性。

虽然运动鞋并非什么神圣的物品（尽管从收藏者的角度来看它们可能是的），但它的确是一件具有象征性的物品，它将亚文化成员们在情感和身体上联系到了一起。运动鞋爱好者将运动鞋视为一种联结他们与其他爱好者的类似于图腾的东西，并由此带来了一种"集体意识"，涂尔干对此有如下定义（1893:105）："某种社群普通成员的共同信仰与情感的总和形成了具有其自身生命力的确定系统，其可以被称为集体意识或创造性意识。"

在后现代社会之中，整体、宏观的集体意识逐渐地丧失和缺失，所以年轻人在其他地方寻找集体意识，只要人类还存在于社会之中，个体就必须保有某种集体意识。尽管大部分影响都是积极的，但随着后现代社会变得愈发全球化、多元化和多样化，这些趋势也产生出了大量的

"失范"。每当有多种规范存在时，我们就会迷失方向，难以选择要遵循哪一种规范，这等同于没有任何规范。涂尔干认为，法律和习俗是集体良知的基础，集体意识是社会性的，来自代代相传的共同信念和行为规范，是"社会中每一位普通公民所共有的信仰与情感的总和"（Durkheim 1893:79）。

通过反复的互动与交流，运动鞋亚文化的成员之间构建了一定程度的亚文化团结，这种团结更多的是机械的而非有机的。随着他们对运动鞋的热情越来越强烈，他们对这个社群的情感投入和依恋也变得越来越深。正如兰德尔·柯林斯（Randall Collins, 1981: 985）所述："模式化互动通过创造和再创造'神话般'的文化符号和情感能量，从而生成了社会组织的核心特征——权威……和群体成员身份。"这些东西恰恰来源于基于亚文化成员身份的集体感。

依据涂尔干的理论框架，柯林斯进一步指出，当个体与其他个体身处一处时，人们就会有更高程度的互相监视。所以越是感到自己被群体所接受，人们就越会遵守群体的规范；相反，当人们与他人相处越少，他们就越明显地会以个人主义和自我为中心（Collins 1981）。身处同一个物理空间会使得人们互相之间有更强、更高层次的情感羁绊，这是"动员"（mobilization）的天然结果。

然而，随着我们进入后现代时代，亚文化所处的地理位置对于通过社交媒体交流的人们来说不再重要。在第二、三运动鞋浪潮中，运动鞋爱好者们通过网络和社交媒体的"虚拟集体意识"联系在一起，对于这种联系形式的共同认可足以让他们完成亚文化成员的自我定义。这种通过网络社交所确认的联结能够带来心理满足感和即时的喜悦感，一个运动鞋收藏家对我说：

> 在我每天通过推特和 INS 交谈的人中，有 70% 我从未见过。我
> 甚至不知道他们长什么样，他们是什么种族，或者他们以什么为生，
> 又或者他们是有工作还是失业。我不知道他们的真名，要不是我们在
> 交易球鞋，不然我更不知道他们住在哪里。但我们都知道的一件事
> 是，我们都对运动鞋如此地着迷。

运动鞋爱好者在个人空间和非个人空间之间来回穿梭。对运动鞋的
共同热爱使他们在个人和情感层面联结在了一起，但与此同时，他们又
牢牢捍卫着自己的私人和物理空间。

结语

在本章中我应用了涂尔干的理论方法，并援引了他的一些著名概
念，如社会失范，集体意识，社会凝聚力等用来分析运动鞋亚文化。涂
尔干的观点是否适用于其他青年亚文化还有待商榷，这需要我和其他研
究者进一步进行研究。但对于社会学分析而言，没有哪个分析对象是微
不足道的，正如对于社会学议题而言，也没有哪个社会与集体现象是不
值一提的。与此同时，我再次感慨埃米尔·涂尔干作为一位社会理论家
是多么出类拔萃，而他留下的社会理论又是多么杰出伟大。

第六章

结语　运动鞋研究的未来方向与可能

Conclusion:
Future Directions and Possibilities
in Footwear Studies

　　在前面的章节中我曾分析过，对运动鞋的研究可以作为包含鞋类在内的时尚与服装研究的一部分，也可以被列入性别研究和亚文化研究之中。我对于运动鞋的研究实际上还不够完整，也没有全部回答我在研究之初所提出的那些问题，事实上，我现在反而有了更多的问题。我研究生阶段的一位导师、著名的社会学家哈里森·怀特（Harrison White）曾对我说："一件物品、一个物体或一种现象可以从一百万个角度去分析和研究。通过学科间的通力合作，学界总是能产生出更为优秀的研究成果。"写完这本书之后，我将他的这番话牢牢记在心中，提醒自己这项研究还没有完结。在结论这一章中，我提出了一些其他主题和观点，供包括我本人和其他社会学家在内的学者在鞋类研究或者运动鞋研究做进一步的探索。

我的研究主要集中于运动鞋的消费者一方而非生产者或制造商一方，因为消费者是亚文化的参与和形成主体。对亚文化的研究通常是从成员角度进行的，学者们一直试图研究亚文化参与者那些与众不同的价值观、行为规范、信仰和态度，但正如我和其他人的研究所体现出的那样，被商业化和商品化的亚文化，其对应的亚文化对象是被工业生产所制造出来的，因此，亚文化生产者也应该是被关注到的对象。在运动鞋这一领域，我们可以进一步分析和研究运动鞋潮流和时尚的把关机制，从而了解到底是谁在控制和操弄着这些限量版运动鞋；甚至可以进一步去探索运动鞋爱好者的性别组成，并研究女性运动鞋收藏家所扮演的角色，如果可能的话，也可以与其他亚文化中的女性成员进行比较。在未来，我们甚至可能会迎接第四波运动鞋浪潮的到来，又或者，我们也许已经进入这个阶段了。

我的大部分实证研究都是在纽约进行的，但许多人告诉我，日本是西方运动鞋爱好者的宝库，有不少稀有的运动鞋只有日本才有。我曾在日本遇到过一个澳大利亚运动鞋经销商，他告诉我：

> 最开始，我在日本的职业是教师。我非常喜欢生活在这儿，因为这里有很多很棒的运动鞋。后来有不少家乡的朋友开始托我帮他们买一些日本限定的鞋款。我开始收到不少订单，变得非常忙碌，最后不得不辞掉了教职。现在，我在东京全职从事运动鞋买卖生意。

尽管日本的运动鞋爱好者与时俱进地跟进着欧美最新的潮流动向，但他们在日本仍然是一个很小众的群体，日本并没有海外那样繁多的运动鞋集会和活动。对世界各地不同地区的运动鞋亚文化比较分析有可能成为运动鞋研究的下一个重点。亚文化的扩张与发展告诉我们，年轻人对于参与进入某个有组织的群体是有所诉求的，随着我们的社会变得愈发全球化、多样化，科技越来越先进，个体之间的面对面交流也越来越少，人们寻找着归属感，因为这切身影响着他们的生活感受。这些青年的问题正是这个正困扰着整个世界的问题的真实反映，所以对青年人的深入了解将有助于我们解决他们乃至整个社会的问题。运动鞋爱好者的所行所为是一个社群被共同的兴趣、价值观和信仰所联系在一起的绝佳案例，人类倾向于与那些与自己相似的个体交往，这在一个日益多元化的世界中变得越来越困难，如果能以全球化的视角去考察其他地区的青年亚文化，我们就可以将这些群体置于宏观的结构性视角来进行分析理解。运动鞋从平凡物什到时尚单品的价值转变表明实物个体的价值是社会性构建的，附着在物体上的价值和意义其高低优劣并非是这个物体本身固有的，而是作为社会群体的我们为其创造的。运动鞋是时尚的一个缩影，因为它包含了时尚能之所以能被称为时尚的主要因素，如对新奇与独特专有的强调。虽然有些运动鞋在其价格和社会地位方面已然拔高到了"时尚"这个层次上，但在某些社会情景下运动鞋的地位依然是低微的。乔·帕拉佐洛（Joe Palazzolo）在华尔街日报的法律板块中曾提到法庭上的陪审员应当如何着装：

在美国佛罗里达州中部的奥兰多地区，出席法庭的着装要求是这样的：陪审团成员应当表现得矜持有礼，出现在法院时，必须穿着得体以维护法院的尊严。得体的着装包括男士须穿外套、打领带，女士也要穿上类似的服装。法庭上绝不应当穿牛仔裤、polo 衫或运动鞋。
(Palazzolo 2014)

这个故事表明在社会环境之中运动鞋或者任何其他没有鞋跟的平底鞋地位一直都比较低下。此外，2015 年戛纳电影节也有此类问题所引发的争议和关注，当时媒体报道了几名女性被电影节的红毯仪式拒之门外，因为当时她们穿着镶有人造钻石的平底鞋，而非高跟鞋（BBC 新闻2015）。尽管这个消息从未得到戛纳电影节的官方证实，但高跟鞋似乎的确是戛纳对于女性着装不成文要求的一部分。一双鞋在某个场合或活动中合适或者不适合的标准是什么？只是鞋跟高度的问题吗？在当代社会环境之中，鞋与社会地位之间的关系一直是一个很有意思的话题。

此外，对鞋类的研究还可以延伸到对于足部的研究上。带有色情意涵的不仅仅只有女人们的高跟鞋，还有她们裸露的足部、脚踝和小脚。特拉斯科（Trasko）写道：

在 17 世纪的西班牙，脚有着非常强烈的性象征意味，当时有一次菲利普五世的妻子，萨伏伊王后玛丽亚·路易莎从马上要摔下来，脚被卡在了马镫上，旁边几个贵族只能惊恐地看着她被马拖着在宫殿的院子里转圈——过去帮忙就意味着要触碰到她的脚，这是一种极为犯禁忌的行为。最后救了她的人不得不躲到修道院里，直到被皇室赦免。（Trasko 1989: 12）

同样，在对于日本鞋的历史研究（2011）中，柴金（Chaikin）指出，鞋子是不干净的，因为鞋子需要同时与地面和脚发生接触，因而在现代日本早期，暴露脚部是一种亲密关系的表达。脚象征着生殖器，有着明确的色情意味，在艺术上，弯曲的脚趾可以表达性兴奋，所以非妓女或社会地位低下的女性的足部很少会被展示出来。但对男性的足部想象却和女性大不相同。光脚的男人通常表达了一种对于婚姻的疏离，而成堆的鞋子则可能暗示着丈夫的不忠行为（Chaikin 2011: 175）。在印度文化里的浪漫主义观念和色情观念之中，脚是女性身体最受到崇拜的部位之一，这可能是为什么年轻女孩和女人们会用一些非常特殊的方式装饰他们的脚底的原因之一。例如，用红色的番红花粉膏给脚底上色，用各种色彩的颜料在上面画复杂的图案，或者在脚上文身（Jain-Neubauer 2000: 20）等。菲利普·佩罗特（Philippe Perrot）还分析了脚踝的情色含义："在19世纪，女性的胸部和臀部被突出强调，但腿部却被完全隐藏起来，下身的蕾丝边蓬蓬裙也升华为一种情色对象，通过由此产生的小腿崇拜和由瞥视脚踝所能引起的性兴奋其效果可见一斑。"（Perrot 1996: 105）所以高跟鞋是一种能够引起男性凝视和性欲的对象，穿上高跟鞋也是构建女性气质的一种方式。

除了光脚，女人足部的大小尺寸也是女性气质和品德的一种象征。在西方世界中，小脚被视为一种贵族气派，是女性气质最为精致的表达（Trasko 1989）。

在17世纪晚期著名的灰姑娘故事之中，我们能看到女性小脚的价值。灰姑娘的小脚和水晶鞋象征着她与生俱来的美丽、优雅、高贵与女性气质。类似的故事在世界各地都曾出现，中国也不例外。中国版的灰姑娘中所有的主要内容，如善嫉的继母、动物信使、盛大的舞会以及丢失的鞋子等都和欧洲的版本非常近似（Ko 2001: 25）。

虽然灰姑娘是一个虚构的角色，但让女孩的脚保持尽可能地小，被称为"缠足"的做法却是历史上真实存在的。[21] 这是传统中国一种很独特的本土文化，裹好的小脚被称为中式百合足（Chinese Lily Foot），据分析，这种习俗应始于 11 世纪末唐朝灭亡之后，并一直持续到 20 世纪 30 年代才被禁止。裹足时小女孩的脚要用布裹得非常紧，小脚趾向后弯曲到脚掌下面，过程极其痛苦和折磨。直到一段时间后脚部神经和肌肉被破坏，其间每隔一段时间都需要打开布来清洗脚部，之后脚仍然还会被包裹起来，以确保其一直无法长大。

根据多萝西·柯（Dorothy Ko，2001:15）的说法，传统儒家文化中的裹足行为被西方学者简单概括成是"作为美丽受害者的女性"或"男人对小脚的恋物行为"。这些概括并不完全是错误的，但这一行为的背后有着更为复杂和微妙的含义。然而，不可否认的是，彼时的男性的确会认为小脚充满情色意味并被它们所吸引，并且缠足也确实是男性将女性视为性欲对象的幻想的产物。

> 对于儒家文化之中的女性来说，缠足是完全合情合理的行为，因为儒家文化将家庭生活、母亲身份以及手工劳作视为女性至高的道德品质。理想中的儒家女性是那些用自己的双手和身体勤恳劳动者，这样的人也会得到充分的回报，比如在家庭中较高的地位、社会的尊重，甚至是国家的认可等。缠足创造出了符合这种形象的完美女性。（Ko 2001:15）

这种限制女性的流动和社会活动的理念和价值观本质是父权的，女子的小鞋子和小脚一样，对男人来说具有色情的吸引力。贝弗利·杰克逊（Beverley Jackson）探讨了穿在小鞋子里的小脚其神秘和色情特性：

> 一个中国男人可能知道女人身体的其他部位是什么样子的，包括生殖器，但却很少能看到没有白色绷带绑着的脚，女性身体对男性来说是真实可感的，但脚却被神秘所笼罩着。在男性的心中，这些小脚可能如其所幻想的那样美丽和令人向往，这些神秘的小脚激发了无穷无尽的渴望和幻想。(Jackson 1997:107)

> 裹足与妓女有很重要的关联。显然，没有哪个花名在外的妓女有一双大脚，因为脚在她们职业之中是相当重要的一个部分。高级妓女和交际花在这一点上经常非常极端，她们时常有着非常小的脚，穿着非常漂亮的小鞋子。一个男人进妓院可能不是想找一个漂亮脸蛋或一对巨乳，而是会观察鞋子的大小，通过判断脚的大小去选择他今天的玩伴 (Jackson 1997:111)。

无论是高跟鞋还是裹小脚，它们都将女性拘束在一个特定的空间内，限制着她们的自由活动，这就是用鞋子来控制女性流动性的方式。然而，非流动性同样是一种贵族身份的特征，因此也是一种地位的象征，一个女人走路越少，其社会地位往往越高。在 16 世纪的威尼斯，鞋底奇高的厚底鞋成为一种时尚，这些鞋子是如此之厚，以至于穿着的女性需要有人搀扶才能走路（维亚内洛 2011），女性身体上的非流动性反映着她社会活动上的非流动性。鞋子设计的各种变化正反映着女性社会角色的多种多样。

朱迪思·米勒（Judith Miller, 2009）将女性的社会角色与她们所穿的鞋履类型进行了关联性分析。根据她的说法，19世纪早期高跟鞋曾一度被平底鞋取代，但19世纪晚期它们却卷土重来。到20世纪早期，新的自由理念则又认为女性应该穿适应更为积极健康生活方式的靴子（Miller 2009：17）。在19世纪早期，浅口平底鞋（flat pumps）呼应着美国独立和法国大革命之后对人们对于平等的渴望。随着19世纪的进一步发展，装饰性的高跟鞋成了搭配克里诺林裙（crinoline skirts）的理想选择，之后流行的精致长靴则能得体地遮盖住女士的脚踝。这是一个值得进一步探讨的话题，我们可以进一步考察支配女性气质的理念是如何通过鞋类和脚来进行延续的。

除此之外，对脚的研究还可以延伸到足部装饰、修足或脚踝及脚趾上的饰物等之上。鞋履也经常与比如长筒袜或紧身裤等腿部服饰一道穿搭，关于西方及非西方的腿部服饰都还未曾被深入进行过学术研究。和高跟鞋一样，在过去丝袜是男女皆穿的，但现在却成了女性的专属品。

对历史及当代鞋类的研究也可以引出对鞋匠和设计师的进一步研究，鞋类制造者的职业地位自现代以来得到了提升，这些人同样值得更多的学术关注。我们可以看到某个社会阶层与那些参与制造他们所穿鞋的过程的个体之间是有所关联。此外，许多学者都曾提到，无论是在西方国家还是非西方国家的历史上，鞋匠或补鞋匠的社会地位都处于社会底层，但设计师和鞋匠又是完全不同的。

根据查克林（2011）的说法，鞋匠在近代早期的日本被认为是贱民阶层，因为他们制作鞋用的皮革来自死掉的动物，比如牛、野猪、鹿和猴子等。虽然并不是所有的鞋子都是用那些皮革制成的，但是这种不洁净的概念却扩展到了整个对鞋匠的观念之中。同时，严格的行业垄断、行会般的运行机制导致所有的鞋匠被都被认为是贱民阶层（Chaiklin 2011: 173）。19 世纪 20 年代末，一位住在日本长崎的荷兰商人写道：

在日本的社会体系中，所有的工匠里地位最低的肯定是皮匠……这些从事这一行的不幸匠人是被社会抛弃的。他们一般住在某条偏僻的小街道上，凡不是他们本行的人都瞧不起他们，并唯恐避之不及。(quoted in Chaiklin 2011: 172-173)

同样，在古代印度，所有的皮革匠人，无论是制革工人还是制鞋匠人，都在种姓中处于最低的地位，被认为是贱民。就像近代早期的日本一样，皮革以及所有用死动物制成的产品在印度文化语境中都被认为是不纯洁的、被污染的。因此纯粹的印度教徒被严禁触摸皮革或皮革制品，高种姓成员偶然与那些不可接触的人接触也被认为是巨大的污染，需要用沐浴仪式去净化（Jain-Neubauer 2000: 112）。

西方的鞋匠社会地位也比较低。伦敦靴匠詹姆斯·戴克斯·德弗林（James Dacres Devlin）曾描绘过在制鞋业从"手工工艺"向"毛料贸易"的转变过程中伦敦靴匠工资之微薄，以及他们就业环境与个人生活水平的下降（quoted in McNeil and Riello 2011b: 17）。

鞋匠和补鞋匠的社会地位之间还有差异，补鞋匠甚至比一般鞋匠的社会地位更低。沃尔福德指出：

> 制鞋在古罗马时期发展成为一种职业，当时工匠们都聚集在城市的市场附近……与许多其他工匠一样，鞋匠从 12 世纪开始就创建了自己的行会，这些行会充当专业协会、工会和监管委员会的角色以保护鞋匠、原料商和他们的客户免遭不公平的商业行为以及价格，同时也保障鞋的质量。鞋匠要先做多年的无薪学徒，经过很长一段时间才能从学徒变成一名精英工匠。只有当他们掌握熟练制鞋技艺时，才能获得行会颁发的经营许可……但行会是不接受补鞋匠（cobbler）的，也就是修鞋的工人。虽然鞋匠完全能胜任修鞋的工作，但干这个工作会被认为是对技艺的折辱。(Walford 2007: 12)

然而学徒制度造就出了一批掌握了全面制鞋技术的大师。他们革新了鞋的织造技术和面料，乃至鞋跟的曲线。然而，现代性已经将制鞋的社会意义转变到了鞋的设计上，现在的鞋匠已经成了和时装设计师一样享受着超然追捧地位的鞋履设计师。

> 鞋履设计师在时尚界并非一直都有如今天这般的地位。第一个成名的鞋匠是扬图尼（Yanturni），人们只知道他有亚洲血统，并且在 20 世纪曾担任初克吕尼博物馆（Cluny Museum）的馆长，除此之外再无别的信息。(McDowell 1989: 7)

彼得罗·扬图尼（Pietro Yantorny, 1874—1936）实际上是一位意大利鞋匠，其客户都是一些地位显赫的社会名流。莫拉莱斯（2013:7）也曾指出："在过去，制作或修理鞋子被认为是地位卑微的，堪比木匠、铁匠或者裁缝。然而，随着如今制鞋业的飞速发展，手工制作的鞋子已经被视为来自那些技艺高超的专业大师不可多得的珍贵作品。"

当代许多著名的鞋履设计师都曾经是鞋匠和补鞋匠。例如，菲拉格慕（Salavatore Ferragamao，1898—1960）曾在好莱坞开设了一家专门修鞋和定制鞋子的门店，菲拉格慕是著名的奢侈鞋类品牌之一。周仰杰（Jimmy Choo）出生于马来西亚的一个鞋匠家庭，是他的父亲教会了他如何制作鞋子。后来英国版 *Vogue* 的一位编辑慧眼识珠并与之合作，这位编辑使他的鞋子广为社会名流所知。2001 年，周仰杰卖掉了自己的公司，但 Jimmy Choo 这个品牌名称依然代表着一种优雅华美，鞋匠的社会地位在此已经上升到艺术家或创造者的层面。[22]

总而言之，对运动鞋的研究给整个鞋类研究和时尚服饰研究领域开拓了更多的可能性和研究方向。运动鞋研究之中还有多个分支领域、主题和研究方法，我非常欢迎其他时尚学者和社会科学研究人员以我的研究作为他们社会学辩论和讨论的起点，对鞋、脚、鞋匠以及相关亚文化进行进一步的学术探索。

注　释

Notes

Introduction

1　Bobbito Garcia is a writer and a DJ, known as the father of a sneaker subculture and the author of a book *Where'd You Get Those? New York City's Sneaker Culture: 1960–1987* (2003); Ronnie Fieg is a designer and owner of Kith, a sneaker boutique in Manhattan and Brooklyn. He is known for his Gel Lyte III, which he collaborated on with Asics; Jeff Staple is an owner of Reed Space in Manhattan and Staple Design, a design agency. One of his trademark sneakers is Nike Pigeon Dunk that was released in 2005, and it was so popular that it almost caused a riot at his store; Jeff Harris is a sneaker connoisseur and one of the founders of Roc'n Sole, a sneaker boutique in Brooklyn, along with Lenny Santiago, and Tyran "Ty Ty" Smith; Eugene Kan is former Managing Director of Hypebeast.com, a globally popular streetwear website based in Hong Kong; Pete Forester is a writer for Complex Magazine who used to work for Ronnie Fieg; and Yuming Wu is a founder of Sneakernews.com, a sneaker website, and the SneakerCon, a sneaker convention that takes place in different cities in the United States and allows sneaker enthusiasts to trade their shoes on the spot.

2　I only had two pairs of sneakers when I started my research on sneakers, but by the time I finished writing this book, I had twenty pairs. As my research progressed, I began to understand the appeal of sneakers which have two opposing functions: comfort and beauty. But at the same time, I found out that the selection of female sneakers is limited, especially for women like myself who have small feet, such as size 5.

3　http://www.statisticbrain.com/footwear-industry-statistics/

4　For the historical development of each sneaker company, see *The Sneaker Book: Anatomy of an Industry and an Icon* (1998) by Tom Vanderbilt; *Trainers: Over 300 Classics from Rare Vintage to the Latest Designs* (2003) by Neal Heard; *Sneakers* (2007) by Luo Lv and Zhang Huiguang; "The Origins of the Modern Shoes, 1945–1975" (unpublished PhD dissertation) by Thomas Turner.

Chapter 1

1　June Swann has published two other books on European footwear: *Shoes* (1982) and *Shoemaking* (1986). For other studies on European historical footwear, see "Part I: A Foot in the Past" in *Shoes: A History from Sandals to Sneakers* (2011: 2–159) edited by Peter McNeil and Giorgio Riello.

2   Valerie Steele writes extensively on fashion, high heels, and eroticism: See *Fashion and Eroticism* (1985), *The Corset: A Cultural History* (2001), *Shoes: A Lexicon of Style* (1999). For others, also see Elizabeth Semmelhack's article "A Delicate Balance: Women, Power and High Heels," in *Shoes: A History from Sandals to Sneakers* (2011: 224–249); Lisa Small's *Killer Heels: The Art of the High-Heeled Shoe Exhibition Catalogue* (2014); Ivan Vartanin's article "Introduction: Nude In Heels, or a Fetish for Photography" in *High Heels: Fashion, Femininity, Seduction* (2011: 12–35); Caroline Weber, Caroline's "The Eternal High Heel: Eroticism and Empowerment" in the *Killer Heels: The Art of the High-Heeled Shoe Exhibition Catalogue* (2014).

Chapter 2

1   See "American Traditions I" and "American Traditions II" in *Subcultural Theory: Traditions and Concepts* (2011) by J. Patrick William; "Part I: The Chicago School of Urban Ethnography" in *The Subcultures Readers* edited by Ken Gelder.

2   See "British Traditions I" and "British Traditions II" in *Subcultural Theory: Traditions and Concepts* (2011) by J. Patrick William. "Part II: The Birmingham Tradition and Cultural Studies" in *The Subcultures Readers* edited by Ken Gelder.

3   The traditional feminist thinking begins with Mary Wollstonecraft's *A Vindication of the Rights of Women* (1792) and John Stuart Mill's *The Subjugation of Women* (1869). But feminism as an organized movement began as the first-wave feminism took place in Europe and the United States in the late nineteenth and the early twentieth centuries. The second wave refers to the period between 1960s and 1970s which took place within the context of civil rights and antiwar movement. The third wave begins in the 1980s and 1990s. Some are now even talking about the fourth wave. See more in *In Their Time: A History of Feminism in Western Society* (2001) by Marlene Legates.

4   The earliest use of the term "subculture" in sociology seems to be its application as a subdivision of a national culture by Alfred McLung Lee in 1945 and Milton M. Gordon in 1947 (Brake 1980: 5); they stressed the significance of socialization within the cultural subsections of a pluralist society. Chris Jenks (2004: 7) says that definitions and versions proliferate, and origins are obscure, and it has been argued by Marvin E. Wolfgang and Franco Ferracuti in 1967 that the term subculture is not widely used in the social sciences literature until after the Second World War. Phil Cohen (1972) defined subculture as a compromise solution between two contradictory needs: the need to create and express autonomy and difference from parents and the need to maintain the parental identification.

5   For Michael Jordan's life and accomplishments, see *Michael Jordan: The Life* (2014) by Roland Lazenby; *There Is No Next: NBA Legends on the Legacy of Michael Jordan* (2014) by Sam Smith.

6   Davidson also refers to other literary works by Andersen, such as *The Little Mermaid* (1836), *The Girl Who Trod on a Loaf* (1859), and *The Snow Queen* (1844), in which he makes literary allusions of the red shoes.

7   See http://www.complex.com/sneakers/2013/07/greatest-sneaker-controversies ("The 25 Most Controversial Things that Ever Happened in Sneakers" by Russ Bengtson).

Chapter 3

1 In Japanese subcultures, it is girls who play a major role. They spend a great deal of resources on clothes and makeup. Fashion is of utmost importance because they want to stand out and be noticed; some may wish to rebel against the formal and traditional ways. They generally hang out in large groups around train stations and chat. The girl teens who belong to the street subcultures are sometimes treated as deviant by the rest of Japanese society, but they are bound by their strength in numbers and are always with friends who dress in a similar style. Instead of finding a place within the male-dominant subcultures, these Japanese girls created and maintain their own autonomy and independence despite their expression of excessive cuteness and femininity (see Kawamura 2012).

2 Margaret Mead's research in 1935 was one of the first studies to question the relationship between sex and gender which are often treated as interchangeable terms since the public as well as scholars had assumed that one's biological trait would automatically guide gender. Mead proved this assumption false through her research on three tribal groups in New Guinea.

Chapter 4

1 The first book that was written about Beau Brummel was by Captain Jesse called *The Life of George Brummel, Esq., Commonly Called Beau Brummel* (1844) in two volumes. In 1924, Eleanor Parker bought an old manuscript "Male and Female Costume" in New York which was listed as an original, unpublished manuscript by Brummell bound in two volumes and dated 1822. It was published in 1932 as a book entitled *Male and Female Costume: Grecian and Roman Costume British Costume from the Roman Invasion until 1822 and the Principles of Costume Applied to the Improved Dress of the Present Day*. On Dandy, see *Gender on the Divide: The Dandy in Modernist Literature* (1993) by Jessica R. Feldman; *Dandyism and Transcultural Modernity: The Dandy, the Flaneur, and the Translator in 1930s Shanghai, Tokyo and Paris* (2010) by Hsiao-yen Peng; *The Ultimate Man of Style* (2006) by Ian Kelly; *The Dandy* (1960) by Eleanor Moers. For social aspects of dandym, see Domna Stanton's *The Aristocrat as Art: A Study of Honnête Homme and the Dandy in Seventeenth- and Nineteenth-Century French Literature* (1980).

2 Riello and McNeil write, "an unexpected parallelism can be demonstrated in late eighteenth century Europe, where the bleaching boots was part of the ritual of a gentleman's behavior" (Riello and McNeil 2011b: 5).

3 See *Fashion-ology: An Introduction to Fashion Studies* (2005) by Yuniya Kawamura.

4 See http://www.complex.com/sneakers/2013/01/the-50-greatest-sneaker-references-in-rap-history (Brian Josephs, "The 50 Best Sneaker References in Rap History" by Brian Josephs).

5 Infographics are graphic visual representations of information, data, or knowledge intended to present complex information (Wikipedia.com).

Conclusion

1   For footbinding, see also *Cinderella's Sisters: A Revisionist History of Footbinding* (2007) by Dorothy Ko; *Aching for Beauty: Footbinding in China* (2002) by Wang Ping.

2   For contemporary shoe designers' works, see *Shoes: A Celebration of Pumps, Sandals, Slippers and More* (1996) by Linda O'Keefe; *Shoes A-Z: Designers, Brands, Manufactures and Retailers* (2010) by Jonathan Walford; *Footwear Design* (2012) by Aki Choklat.

参考文献
Bibliography

Adams, Nathaniel (2013), *I Am Dandy: The Return of the Elegant Gentleman*, with Rose Callahan, photographer, Berlin, Germany: Gestalten.

Adshead, Samuel Adrian Miles (1997), *Material Culture in Europe and China, 1400–1800*, Basingstoke: Macmillan.

Aheran, Charlie (2003), "The Gangs of New York City, Hip-Hop & Sneakers" in *The Trainers: Over 300 Classics from Rare Vintage to the Latest Designs*, edited by Neal Heard, London: Carlton Books, pp. 20–23.

Akinwumi, Tunde M. (2011), "Interrogating Africa's Past: Footwear Among the Yoruba" in *Shoes: A History from Sandals to Sneakers*, edited by Peter McNeil and Giorgio Riello, Paperback Edition, London: Berg, pp. 182–195.

Alexander, Jeffrey (ed.) (1988), *Durkheimian Sociology*, Cambridge: Cambridge University Press.

Althusser, Louis (1988), "Ideology and Ideological State Apparatuses" in *Cultural Theory and Popular Culture: A Reader*, edited by John Storey, London: Prentice Hall, pp. 153–164.

Anderson, Mark and Mark Jenkins (2001), *Dance of Days*, New York: Soft Skull Press.

Anderson, Nels (1922), *The Hobo*, Chicago, IL: University of Chicago Press.

Appadurai, Arjun (1990), "Disjuncture and Difference in the Global Cultural Economy", *Theory, Culture, and Society* 7: 295–310.

Arnold, David O. (1970), *The Sociology of Subcultures*, Berkeley, CA: The Glendessary Press.

Aspers, Patrik (2005), *Markets in Fashion: A Phenomenological Approach*, London: Routledge.

Baizerman, Suzanne, Joanne B. Eicher and Catherine Cerny (2008), "Eurocentrism in the Study of Ethnic Dress" in *The Visible Self: Global Perspectives on Dress, Culture, and Society*, edited by Joanne B. Either, Sandra Lee Evenson and Hazel A. Lutz, New York: Fairchild Publications, Inc., pp. 123–132.

Banner, Lois (2008), "The Fashionable Sex, 1100–1600" in *Men's Fashion Reader*, edited by Andrew Reilly and Sarah Cosbey, New York: Fairchild Books, pp. 6–16.

Barker, Chris (2004), *Sage Dictionary of Cultural Studies*, London: Sage.

Barnard, Malcolm (1998), *Art, Design and Visual Culture*, New York: Palgrave Macmillan.

Barnard, Malcolm (2001), *Approaches to Understanding Visual Culture*, New York: Palgrave Macmillan.

Barnard, Malcolm (2007), *Fashion Theory: A Reader*, London: Routledge.

Barnard, Malcolm (2008), *Fashion as Communication*, London: Routledge.

Baron, Stephen (1989), "Resistance and Its Consequences: The Street Culture of Punks", *Youth Society*, 21, 2: 207–237.

Barthes, Roland (1964), *Elements of Semiology*, translated by A. Lavers and C. Smith, New York: Hill and Wang.

Barthes, Roland (1967), *The Fashion System*, translated by M. Ward and R. Howard, New York: Hill and Wang.

Barthes, Roland (1977), *Image, Music, Text*, translated by S. Heath, London: Montana.

BBC News (2015), "Cannes Film Festival 'Turns Away Women in Flat Shoes'", *Entertainment and Arts*, May 19. (bbc.com/news/entertainment-arts)

Beauvoir, Simone de (1949), *The Second Sex*, translated by H. M. Parshley, New York: Penguin.

Becker, Howard ([1963] 1973), *Outsiders*, Glencoe, NY: Free Press.

Becker, Howard (1982), *Art World*, Berkeley, CA: University of California Press.

Beer, Robert (2004), *Tibetan Ting Sha*, London: Connections Press.

Bell, Daniel (1973), *The Coming of Post-Industrial Society*, New York: Basic Books.

Bell, Daniel (1976), *The Cultural Conditions of Capitalism*, New York: Basic Books.

Bell, Quentin ([1947] 1976), *On Human Finery*, London: Hogarth Press.

Bengtson, Russ (2013), "Digging and Deadstock: Sneaker Collecting Then and Now" in *SLAM KICKS*, edited by Ben Osborne, New York: Universe Publishing, pp. 87–90.

Bennett, Andy (2000), *Popular Music and Youth Culture: Music, Identity and Place*, London: Macmillan.

Bennett, Andy (2005), *Culture and Everyday Life*, London: Sage.

Bennett, Andy (2006), "Punk's Not Dead: The Continuing Significance of Punk Rock for an Older Generation of Fans", *Sociology*, 40, 2: 219–235.

Bennett, Andy and Keith Kahn-Harris (2004), *After Subculture: Critical Studies in Contemporary Youth Culture*, London: Palgrave Macmillan.

Bennett, Andy and Paul Hodkinson (eds.) (2012), *Ageing and Youth Cultures: Music, Style and Identity*, London: Berg.

Bennett, Andy and Richard A. Peterson (2004), *Music Scenes: Local, Translocal, and Virtual*, Nashville, TN: Vanderbilt University Press.

Bennett, Tony, Michael Emmison and John Frow (1999), *Accounting for Taste*, Melbourne, Australia: Cambridge University Press.

Bernard, Phillippe (1988), "The True Nature of Anomie", *Sociological Theory*, 6: 91–95, New York: Sage Publications.

Bibort, Alan (2009), *Beatniks: A Guide to an American Subculture*, Westport, CT: Greenwood.

Blake, Mark (ed.) (2008), *Punk-The Whole Story*, New York: DK.

Blanco, José F. (2011), "The Postmodern Age: 1960-2010" in *The Fashion Reader*, edited by Linda Welters and Abby Lillethun, Oxford: Berg.

Bleikhorn, Samantha (2002), *The Mini-Mod Sixties Book*, San Francisco, CA: Last Gasp.

Blum, Sasha (2009), *The Gothic Subculture: An Empirical Investigation of the Psychological and Behavioral Characteristics of Its Affiliates*, Saarbrücken, Germany: VDM Verlag.

Blumenthal, Erica M. (2015), "Updated: Snow Tires for the Feet", *The New York Times*, February 12, p. E3.

Blumer, Herbert (1969), "Fashion: From Class Differentiation to Collective Selection", *The Sociological Quarterly*, 10, 3: 275–291.

Blümlein, Jürgen, Daniel Schmid and Dirk Vogel (2008), *Made for Skate: The Illustrated History of Skateboard Footwear*, Berlin, Germany: Gingko Press.

Blundell, Sue (2011), "Beneath Their Shining Feet: Shoes and Sandals in Classical Greece" in *Shoes: A History from Sandals to Sneakers*, edited by Peter McNeil and Giorgio Riello, Paperback Edition, Oxford: Berg, pp. 30–49.

Blush, Steven (2001), *American Hardcore, A Tribal History*, Los Angeles, CA: Feral House.

Bordo, Susan (1999), *The Male Body: A New Look at Men in Public and Private*, New York: Farrar, Straus and Giroux.

Böse, Martina (2003), "Race and Class in the 'Post-Subcultural' Economy" in *The Post-Subcultures Readers*, edited by David Muggleton and Rupert Weinzierl, London: Berg, pp. 167–180.

Boucher, François (1987), *A History of Costume in the West*, London: Thames and Hudson.

Bourdieu, Pierre ([1972] 1977), *Outline of a Theory of Practice*, Cambridge: Cambridge University Press.

Bourdieu, Pierre (1980), *Questions de Sociologies*, Paris: Les Editions de Minuit.

Bourdieu, Pierre (1984), *Distinction: A Social Critique of the Judgment of Taste*, translated by R. Nice, Cambridge: Harvard University Press.

Bourdieu, Pierre (1990), *In Other Worlds*, Stanford, CA: Stanford University Press.

Bourdieu, Pierre (1992), *An Invitation to Reflexive Sociology*, Chicago, IL: University of Chicago Press.

Bourdieu, Pierre (1993), *The Field of Cultural Production*, translated by Philip Richard Nice, Cambridge: Polity.

Boydell, Christine (1996), "The Training Shoe: 'Pump Up the Power'" in *The Gendered Objects*, edited by Pat Kirkham, Manchester: Manchester University Press.

Brake, Michael (1980), *The Sociology of Youth Culture and Youth Subcultures: Sex and Drugs and Rock 'n' Roll?*, London: Routledge & Kegan Paul.

Brake, Michael (1985), *Comparative Youth Culture: The Sociology of Youth Cultures and Youth Subcultures in America, Britain and Canada*, London: Routledge & Kegan Paul Ltd.

Brenninkmeyer, Ingrid (1963), *The Sociology of Fashion*, Köln-Opladen, Germany: Westdeutscher Verlag.

Breward, Christopher (1999), *The Hidden Consumer: Masculinities, Fashion and City Life 1860–1914*, Manchester: Manchester University Press.

Breward, Christopher (2004), *Fashioning London: Clothing and the Modern Metropolis*, Oxford: Berg.

Breward, Christopher (2011), "Fashioning Masculinity: Men's Footwear and Modernity" in *Shoes: A History from Sandals to Sneakers*, edited by Giorgio Riello and Peter McNeil, Paperback Edition, London: Berg, pp. 206–223.

Brill, Dunja (2007), "Gender, Status and Subcultural Capital in the Goth Scene" in *Youth Cultures: Scenes, Subcultures and Tribes*, edited by Paul Hodkinson and Wolfgang Deicke, London: Routledge, pp. 111–126.

Brooke, Iris (1972), *Footwear: A Short History of European and American Shoes*, London: Pitman Publishing.

Brooker, Peter and Will Brooker (1997), "Introduction" in *Postmodern After-Images*, edited by Peter Brooker and Will Brooker, London: Edward Arnold, pp. 1–19.

Brown, Andy (2007), "Rethinking the Subcultural Commodity: The Case of the Heavy Metal T-shirt Culture(s)" in *Youth Cultures: Scenes, Subcultures and Tribes*, edited by Paul Hodkinson and Wolfgang Deicke, New York: Routledge, pp. 63–78.

Brummel, Beau ([1932] 1972), *Male and Female Costume: Grecian and Roman Costume, British Costume from the Roman Invasion until 1822, and the Principles of Costume Applied to the Improved Dress of the Present Day*, New York: Benjamin Blom, Inc.

Buchanan, Richard (1995), "Rhetoric, Humanism, and Design" in *Discovering Design: Explorations in Design Studies*, edited by Richard Buchanan and Victor Margolin, Chicago, IL: University of Chicago Press, pp. 23–55.

Buchanan, Richard and Victor Margolin (eds.) (1995a), *Exploring Design: Explorations in Design Studies*, Chicago, IL: University of Chicago Press.

Buchanan, Richard and Victor Margolin (1995b), "Introduction" in *Discovering Design: Explorations in Design Studies*, edited by Richard Buchanan, Chicago, IL: University of Chicago Press, pp. ix–xxvi.

Bulmer, Martin (1984), *The Chicago School of Sociology: Institutionalization, Diversity, and the Rise of Sociological Research*, Chicago, IL: University of Chicago Press.

Butler, Judith (1990), *Gender Trouble*, New York: Routledge.

Callahan, Colleen R. and Jo B. Paoletti (2011), "Is It a Girl or a Boy? Gender Identity and Children's Clothing" in *The Fashion Reader*, Second Edition, edited by Linda Welters and Abby Lillethun, Oxford: Berg, pp. 193–196.

Carter, Michael (2003), *Fashion Classics: From Carlyle to Barthes*, London: Berg.

Chaiklin, Martha (2011), "Purity, Pollution and Place in Traditional Japanese Footwear" in *Shoes: A History from Sandals to Sneakers*, edited by Peter McNeil and Giorgio Riello, Paperback Edition, London: Berg, pp. 160–181.

Chang, Jeff (2005), *Can't Stop Won't Stop: A History of the Hip-Hop Generation*, New York: St. Martin's Press.

Chang, Jeff (ed.) (2006a), *Total Chaos: The Art and Aesthetics of Hip-Hop*, New York: BasicCivitas.

Chang, Jeff (2006b), "Codes and the B-Boy's Stigmata: An Interview with DOZE" in *Total Chaos: The Art and Aesthetics of Hip-Hop*, edited by Jeff Chang, New York: Basic Civitas, pp. 321–330.

Chernikowski, Stephanie (1997), *Blank Generation Revisited: The Early Days of Punk Rock*, New York: Schirmer Books.

Choklat, Aki (2012), *Footwear Design*, London: Laurence King Publishing.

Choklat, Aki and Rachel Jones (eds.) (2009), *Shoe Design*, Cologne, Germany: Fusion Publishing.

Clark, Dylan (2003), "The Death and Life of Punk, the Last Subculture" in *The Post-Subcultures Readers*, edited by David Muggleton and Rupert Weinzierl, London: Berg, pp. 223–236.

Clarke, John, Stuart Hall, Tony Jefferson and Brian Roberts (1976), "Subcultures, Cultures and Class" in *Resistance Through Rituals: Youth Subcultures in Post-War Britain*, edited by Stuart Hall and Tony Jefferson, London: Hutchinson, pp. 9–74.

Cloward, Richard and Lloyd Ohlin (1961), *Delinquency and Opportunity: A Theory of Delinquent Gangs*, Glencoe, IL: Free Press.

Cogan, Brian (2006), *Encyclopedia of Punk Music and Culture*, Westport, CT: Greenwood Press.

Cohen, Albert K. (1955). *Delinquent Boys: The Culture of the Gang*, Glencoe, IL: Free Press.

Cohen, Albert (1970), "A General Theory of Subcultures" in *The Sociology of Subcultures*, edited by D. O. Arnold, Berkeley, CA: The Glendessary Press.

Cohen, Phil (1972), *Sub-Cultural Conflict and Working Class Community. Working Papers in Cultural Studies.*No. 2, Birmingham: University of Birmingham.

Colatrella, Carol (2011), *Toys and Tools in Pink: Cultural Narratives of Gender, Science and Technology*, Ohio: Ohio State University Press.

Cole, Robert J. (1989), "Japanese Buy New York Cachet with Deal for Rockefeller Center", *The New York Times*, October 31.

Collins, Jim (1989), *Uncommon Cultures: Popular Culture and Post-Modernism*, New York: Routledge.

Collins, Randall (1981), *Conflict Sociology*, New York: Academic Press.

Connell, R. W. (1987), *Gender and Power*, Stanford, CA: Stanford University Press.

Considine, Austin (2012), "When Sneakers and Race Collide", *The New York Times*, June 20, p. E7.

Craik, Jennifer (1994), *The Face of Fashion*, London: Routledge.

Crane, Diana (1987), *The Transformation of the Avant-Garde: The New York Art World 1940–1985*, Chicago, IL: University of Chicago Press.

Crane, Diana (1992), "High Culture Versus Popular Culture Revisited" in *Cultivating Differences: Symbolic Boundaries and the Making of Inequality*, edited by Michèle Lamont and Marcel Fournier, Chicago, IL: University of Chicago Press, pp. 58–73.

Crane, Diana (1993), "Fashion Design as an Occupation", *Current Research on Occupations and Professions*, 8: 55–73.

Crane, Diana (1994), "Introduction: The Challenge of the Sociology of Culture to Sociology as a Discipline" in *The Sociology of Culture*, edited by Diana Crane, Oxford: Blackwell.

Crane, Diana (1997a), "Globalization, Organizational Size, and Innovation in the French Luxury Fashion Industry: Production of Culture Theory Revisited", *Poetics*, 24: 393–414.

Crane, Diana (1997b), "Postmodernism and the Avant-Garde: Stylistic Change in Fashion Design", *MODERNISM/Modernity*, 4: 123–140.

Crane, Diana (1999), "Diffusion Models and Fashion: A Reassessment in the Social Diffusion of Ideas and Things", *The Annals of the Academy of Political and Social Science*, 566, November: 13–24.

Crane, Diana (2000), *Fashion and Its Social Agendas: Class, Gender, and Identity in Clothing*, Chicago, IL: The University of Chicago Press.

Csikszentmihalyi, Mihaly and Eugene Rochberg-Halton (1981), *The Meaning of Things: Domestic Symbols and the Self*, Cambridge: Cambridge University Press.

Davidson, Hilary (2011), "Sex and Sin: The Magic of Red Shoes" in *Shoes: A History from Sandals to Sneakers*, edited by Peter McNeil and Giorgio Riello, Paperback Edition, London: Berg, pp. 272–289.

Davis, Fred (1985), "Clothing and Fashion as Communication" in *The Psychology of Fashion*, edited by Michael R. Solomon, Lexington: Lexington Books.

Davis, Fred (1992), *Fashion, Culture, and Identity*, Chicago, IL: The University of Chicago Press.

De La Haye, Amy and Cathie Dingwall (1996), *Surfers, Soulies, Skinheads and Skaters: Subcultural Style of the Forties to the Nineties*, Woodstock, NY: Overlook.

DeCerteau, Michel (1984), *The Practice of Everyday Life*, Berkeley, CA: University of California Press.

DeMello, Margo (2009), *Feet and Footwear: A Cultural Encyclopedia*, Westport, CT: Greenwood.

Desideri, Ippolito (2010), *Mission to Tibet: The Extraordinary Eighteenth-Century Account of Father Ippolito Desideri, S.J.*, edited by Leonard Zwilling and translated by Michael J. Sweet, Boston, MA: Wisdom Publications.

DiMaggio, Paul (1992), "Cultural Entreneurship in 19th Century Boston" in *Cultivating Differences: Symbolic Boundaries and the Making of Inequality*, edited by Michèle Lamont and Marcel Fournier, Chicago, IL: The University of Chicago Press.

DiMaggio, Paul and Michael Useem (1978), "Cultural Democracy in a Period of Cultural Expansion: The Social Composition of Arts Audiences in the United States", *Social Problems*, 26: 2.

Docker, John (1994), *Postmodernism and Popular Culture*, Cambridge: Cambridge University Press.

Douglas, Mary (1978), *Cultural Bias*, London: Routledge and Kegan Paul.

Drake, Kate (2001), "Quest for Kawaii", *Time International*, June 25, p. 46.

Duncan, Hugh Dalziel (1969), *Symbols and Social Theory*, New York: Oxford University Press.

Durkheim, Emile ([1893] 1964), *The Division of Labor*, New York: Free Press.

Durkheim, Emile ([1895] 1961), *Rules of the Sociological Method*, New York: Free Press.

Durkheim, Emile ([1897] 1951), *Suicide*, translated by John Spaulding and George Simpson, Glencoe, IL: The Free Press.

Durkheim, Emile ([1912] 1965), *The Elementary Forms of Religious Life*, New York: Collier Books.

Dyson, Michael Eric (1993), *Reflecting Black: African-American Cultural Criticism*, St. Paul, MN: University of Minnesota Press.

Eagleton, Terry (1983), *Literary Theory: An Introduction*, Oxford: Blackwell Publishing.

Edwards, Tim (1997), *Men in the Mirror: Men's Fashion, Masculinity and Consumer Society*, London: Cassell.

Edwards, Tim (2006), *Cultures of Masculinity*, London: Routledge.

Eicher, Joanne B. (1969), *African Dress; A Selected and Annotated Bibliography of Subsaharan Countries*, East Lansing, MI: African Studies Center, Michigan State University.

Eicher, Joanne B. (1976), *Nigerian Handcrafted Textiles*, Ile-Ife, Nigeria: University of Ife Press.

Eicher, Joanne B. (ed.) (1995), *Dress and Ethnicity: Change Across Space and Time*, Oxford: Berg.

Eicher, Joanne B. and Lidia Sciama (1998), *Beads and Bead Makers: Gender, Material Culture, and Meaning*, Oxford: Berg.

Eicher, Joanne B. and Mary Ellen Roach (eds) (1965), *Dress, Adornment, and the Social Order*, New York: Wiley.

Eicher, Joanne B. and Ruth Barnes (1992), *Dress and Gender: Making and Meaning in Cultural Contexts*, Oxford: Berg.

Eicher, Joanne B., Sandra Lee Evenson and Hazel A. Lutz (eds) (2008), *The Visible Self: Global Perspectives on Dress, Culture, and Society*, New York: Fairchild Publications, Inc.

Entwistle, Joanne (2006), "The Cultural Economy of Buying" in Patrik Aspers and Lise Skov, *Current Sociology*, 54, 5: 704–724, Thousand Oaks, CA: Sage.

Entwistle, Joanne (2009), *The Aesthetic Economy of Fashion*, Oxford: Berg.

Ewen, Stuart (1976), *Captains of Consciousness: Advertising and the Social Roots of the Consumer Culture*, New York: McGraw-Hill.

Farrelly, Liz (2005), *Fashion Forever: 30 Years of Subculture*, Philadelphia, PA: Trans-Atlantic Publications.

Featherstone, Mike (2007), *Consumer Culture and Postmodernism*, London: Sage.

Feldman, Christine Jacqueline (2009), *"We are the Mods": A Transnational History of a Youth Subculture*, New York: Peter Lang.

Feldman, Jessica R. (1993), *Gender on the Divide: The Dandy in Modernist Literature*, Ithaca, NY: Cornell University Press.

Fillin-Yeh, Susan (ed.) (2001), *Dandies: Fashion and Finesse in Art and Culture*, New York: New York University Press.

Finkelstein, Joanne (1996), *After a Fashion*, Carlton, Australia: Melbourne University Press.

Fischer, Claude Serge (1972), "Urbanism as a Way of Life- a Review and an Agenda", *Sociological Methods and Research*, 1, 2, November: 187–243.

Fischer, Claude Serge (1975), "Towards a Subcultural Theory of Urbanism", *American Journal of Sociology*, 80, 6: 1319–1341.

Fiske, John (1989), *Reading the Popular*, London: Routledge.

Flügel, J. C. (1930), *The Psychology of Clothes*, London: Hogarth.

Flügel, J. C. (1934), *Men and Their Motives: Psycho-Analytical Studies*, London: Kegan Paul, Trench, Trubner & Co.

Forman, Murray and Mark Anthony Neal (eds) (2004), *That's the Joint!:The Hip-Hop Studies Reader*, New York: Routledge.

Frazer, Edward Franklin (1939), *The Negro Family in the United States*, Chicago, IL: University of Chicago Press.

Friedan, Betty (1963), *The Feminine Mystique*, New York: W.W. Norton.

Gans, Herbert (1975), *Popular Culture and High Culture: An Analysis and Evaluation of Taste*, New York: Basic Books.

Garber, Margaret (1992), *Vested Interests: Cross-Dressing and Cultural Anxiety*, New York: Routledge.

Garcia, Bobbito (2003), *Where'd You Get Those? New York City's Sneaker Culture: 1960–1987*, New York: Testify Books.

Garret, Ruth Irene and Ottie Garret (2003), *My Amish Heritage*, Nashville, TN: Turner Publishing.

Geertz, Clifford ([1973] 1975), *The Interpretation of Culture*, London: Hutchinson.

Gelder, Ken (ed.) (2005a), *The Subcultures Reader*, London: Routledge.

Gelder, Ken (ed.) (2005b), "Introduction: The Field of Subculture Studies" in *The Subcultures Reader*, edited by Ken Gelder, London: Routledge, pp. 1–18.

Gelder, Ken (ed.) (2007), *Subcultures: Cultural Histories and Social Practice*, London: Routledge.

Giddens, Anthony (1991), *Modernity and Self-Identity*, Palo Alto, CA: Stanford University Press.

Gilbert, James (2005), *Men in the Middle: Searching for Masculinity in the 1950s*, Chicago, IL: University of Chicago Press.

Gill, Alison (2011), "Limousines for the Feet: The Rhetoric of Sneakers" in *Shoes: A History from Sandals to Sneakers*, edited by Peter McNeil and Giorgio Riello, Paperback Edition, London: Berg, pp. 372–85.

Gilroy, Paul (1991), *"There Ain't No Black in the Union Jack!": The Cultural Politics of Race and Nation*, Chicago, IL: University of Chicago.

Gilroy, Paul (1993), *The Black Atlantic: Modernity and Double Consciousness*, Cambridge, MA: Harvard University Press.

Gilroy, Paul (2002), *Against Race: Imagining Political Culture Beyond the Color Line*, Cambridge, MA: Harvard University Press.

Glickson, Grant (2014), "At 'Sneakerhead' Fairs, Air Jordans Are Golden", *The New York Times*, April 17, p. A1.

Godart, Frédéric (2012), *Unveiling Fashion: Business, Culture, and Identity, in the Most Glamorous Industry*, New York: Palgrave Macmillan.

Goffman, Erving (1959), *The Presentation of Self in Everyday Life*, Garden City, NY: Doubleday.

Goffman, Erving (1979), *Gender Advertisements*, Cambridge, MA: Harvard University Press, (Hardcover, New York: Harper and Row).

Gordon, Milton M. (1947), "The Concept of Subculture and Its Application", *Social Forces*, 26: 40–42.

Gramsci, Antonio ([1929–1933] 1992), *Prison Notebooks, Volume 1*, New York: Columbia University Press.

Grew, Francis and Margarethe De Neergaard (1988), *Shoes and Patters: Medieval Finds from Excavations in London*, London: Her Majesty's Stationery Office.

Griffin, Chris E. (2011), "The Trouble with Class: Researching Youth, Class and Culture Beyond the 'Birmingham School'", *Journal of Youth Studies*, 14, 3: 245–259.

Habraken, William (Boy) (2000), *Tribal and Ethnic Footwear of the World: Mocassins, Sandals, Clogs, Slippers, Boots and Shoes*, Oosterhout, Holland: LSC Communicatie bv.

Haenfler, Ross (2006), *Straight Edge: Clear-Living Youth, Hardcore Punk and Social Change*, New Brunswick, NJ: Rutgers University Press.

Haenfler, Ross (2009), *Goths, Gamers, and Grrrls: Deviance and Youth Subcultures*, New York: Oxford University Press.

Haenfler, Ross (2014), *Subcultures: The Basics*, New York: Routledge.

Halberstam, Judith (1998), *Female Masculinity*, Durham, NC: Duke University Press.

Hald, Margrethe (1972), *Primitive Shoes: An Archaeological-Ethnological Study Based Upon Shoe Finds from the Jutland Peninsula*, Copenhagen, Denmark: The National Museum of Denmark.

Hall, Stuart (1980a), "Cultural Studies and the Centre: Some Problematics and Problems" in *Culture, Media, Language*, edited by Stuart Hall, Dorothy Hobson, Andrew Lower and Paul Willis, London: Unwin Hyman.

Hall, Stuart (1980b), "Encoding/Decoding" in *Culture, Media, Language*, edited by Stuart Hall, Dorothy Hobson, Andrew Lower and Paul Willis, London: Unwin Hyman.

Hall, Stuart (1992), "The Question of Cultural Identity" in *Modernity and Its Futures*, edited by Stuart Hall and Tony McGrew, Cambridge: Polity Press, pp. 273–323.

Hall, Stuart and Tony Jefferson (eds) (1976), *Resistance Through Rituals: Youth Subcultures in Post-War Britain*, London: Hutchinson.

Harris, Anita (2007), *Next Wave Cultures: Feminism, Subcultures, Activism*, London: Routledge.

Harris, Cheryl and Alison Alexander (1998), *Theorizing Fandom: Fans, Subculture and Identity*, Cresskill, NJ: Hampton Press.

Harris, David (1992), *From Class Struggle to the Politics of Pleasure*, London: Routledge.

Harvey, David (1989), *The Condition of Postmodernity*, Oxford: Blackwell.

Heard, Neal (2003), *The Trainers: Over 300 Classics from Rare Vintage to the Latest Designs*, London: Carlton Book.

Heard, Neal (2009), *Sneakers (Special Limited Edition): Over 300 Classics from Rare Vintage to the Latest Designs*, London: Carlton Books.

Heard, Neal (2012), *The Sneaker Hall of Fame: All-Time Favorite Footwear Brands*, London: Carlton Books.

Hebdige, Dick (1979), *Subculture: The Meaning of Style*, Routledge: London and New York.

Hebdige, Dick (1986), "Postmodernism and the Other Side", *Journal of Communication*, 10, 2: 78–89.

Hebdige, Dick (1988), *Hiding in the Light: On Images and Things*, London: Routledge.

Herc, D. J. Kool (2005), "Introduction" in *Can't Stop Won't Stop: A History of the Hip-Hop Generation*, edited by Jeff Chang, New York: St. Martin's Press, pp. xi–xiii.

Heylin, Clinton (1993), *From the Velvets to the Voidoids: A Pre-Punk History for a Post-Punk World*, New York: Penguin Books.

Hjorth, Larissa (2005), "Odours of Mobility: Mobile Phones and Japanese Cute Culture in the Asia-Pacific", *Journal of Intercultural Studies* 26, February–May: 39–55.

Hodkinson, Paul (2002), *Goth: Identity, Style and Subculture*, Oxford: Berg.

Hoggart, Richard (1957), *The Uses of Literacy*, London: Chatto and Windus.

Hollander, Anne (1994), *Sex and Suits*, New York: A.A. Knopf.

Hulsbosch, Marianne (2014), *Pointy Shoes and Pith Helmets: Dress and Identity Construction in Ambon from 1850–1942*, Leiden, The Netherlands: Brill.

Hume, Lynne (2013), *The Religious Life of Dress: Global Fashion and Faith*, London: Bloomsbury.

Huyssen, Andreas (1986), *After the Great Divide: Modernism, Mass Culture and Postmodernism*, Basingstoke: Macmillan.

Intercity (2008), *Art and Sole: Contemporary Sneaker Art & Design*, London: Laurence King.

Irwin, John ([1970] 2005), "Notes on the Status of the Concept Subculture" in *The Subcultures Reader*, Second Edition, edited by Ken Gelder, London: Routledge, pp. 73–80.

Issitt, Micah L. (2009), *Hippies: A Guide to an American Subculture*, Westport, CT: Greenwood.

Jackson, Beverly (1997), *Splendid Slippers: A Thousand Years of an Erotic Tradition*, Berkeley, CA: Ten Speed Press.

Jackson, Scoop (2013), "Nike. Bball. Dominance" in *SLAM KICKS*, edited by Ben Osborne, New York: Universe Publishing.

Jain-Neubauer, Jutta (2000), *Feet & Footwear in Indian Culture*, Toronto, Canada: The Bata Shoe Museum with Mapin Publishing Pvt. Ltd, Ahmedabad.

Jameson, Fredric (1983), "Postmodernism and Consumer Society" in *The Anti-Aesthetic: Essays on Postmodern Culture*, edited by H. Foster, Seattle, WA: Bay Press.

Jameson, Fredric (1984), "Postmodernism, or the Cultural Logic of Late Capitalism", *New Left Review*, 46: 53–92.

Jeffreys, Sheila (2000), "'Body Art' and Social Status: Cutting, Tattooing and Piercing from a Feminist Perspective", *Feminism & Psychology*, 10, 4: 409–429.

Jenks, Chris (2004), *Subculture: The Fragmentation of the Social*, London: Sage.

Jobling, Paul (2005), *Man Appeal: Advertising, Modernism and Menswear*, Oxford: Berg.

Johnson, Richard (1996), "What Is Cultural Sutides Anyway?" in *What Is Cultural Studies? A Reader*, edited by John Storey, London: Edward Arnold, pp. 75–114.

Jones, Mason, Patrick Macias, Yuji Oniki, and Carl Gustav Horn (1999), *Japan Edge: The Insider's Guide to Japanese Pop Subculture*, San Francisco, CA: Cadence Books.

Jones, Russell M. (2007), *Inside the Graffiti Subculture*, Saarbrücken, Germany: VDM Verlag

Kahn-Harris, Keith (2007), *Extreme Metal: Music and Culture on the Edge*, Oxford: Berg.

Kaplan, Jeffrey (2003), *The Cultic Milieu: Oppositional Subcultures in an Age of Globalization*, Lanham, MD: Rowman Altamira.

Karaminas, Vicki (2009), "Part IV: Subculture: Introduction" in *The Men's Fashion Readers*, edited by Peter McNeil and Vicki Karaminas, Oxford: Berg, pp. 347–351.

Kawamura, Yuniya (2005), *Fashion-ology: An Introduction to Fashion Studies*, Oxford: Berg.

Kawamura, Yuniya (2006a), "Japanese Teens as Producers of Street Fashion" in Patrik Aspers and Lise Skov, *Current Sociology*, 54, 5: 784–801, Thousand Oaks, CA: Sage.

Kawamura, Yuniya (2006b), "Japanese Street Fashion: The Urge to Be Seen and to Be Heard" in *The Fashion Reader*, edited by Linda Welters and Abbey Lillethun, Oxford: Berg.

Kawamura, Yuniya (2010), "Japanese Fashion Subcultures" in *Japan Fashion Now Exhibition Catalogue*, edited by Valerie Steele, New Haven, CT: Yale University Press.

Kawamura, Yuniya (2011), *Doing Research in Fashion and Dress: An Introduction to Qualitative Methods*, Oxford: Berg.

Kawamura, Yuniya (2012), *Fashioning Japanese Subcultures*, London: Berg.

Kelly, Ian (2006), *The Ultimate Man of Style*, New York: Atria Books.

Kidwell, Claudia B. and Valerie Steele (eds) (1989), *Men and Women: Dressing the Part*, Washington, DC: Smithsonian Institution Press.

Kimmel, Michael (2012), *The Gendered Society*, New York: Oxford University Press.

Kirkham, Pat (ed.) (1996), *The Gendered Object*, Manchester: Manchester University Press.

Ko, Dorothy (2001), *Every Step a Lotus: Shoes for Bound Feet*, Berkeley, CA: University of California Press.

Koda, Harold (2001), *Extreme Beauty: The Body Transformed. Exhibition Catalogue.* New Haven, CT: Yale University Press.

Koenig, Rene (1973), *A La Mode: On the Social Psychology of Fashion*, New York: Seabury Press.

Kuchta, Davis (2002), *The Three-Piece Suit and Modern Masculinity: England, 1550–1850*, Berkeley, CA: University of California Press.

Kunzle, David (2004), *Fashion & Fetishism*, London: Sutton Publishing.

Lamy, Philip and Jack Levin (1985), "Punk and Middle-Class Values: A Content Analysis", *Youth Society*, 17: 157–170.

Lang, Kurt and Gladys Engel Lang (1961), *Collective Dynamics*, New York: Thomas Y. Crowell, pp. 486–471.

Lash, Scott (1990), *Sociology of Postmodernism*, London: Routledge.

Laver, James (1968), *Dandies*, London: Weidenfeld & Nicolson.

Laver, James (1979), *The Concise History of Costume and Fashion*, New York: Abrams.

Lawlor, Laurie (1996), *Where Will This Shoe Take You?: A Walk through the History of Footwear*, New York: Walker and Company.

Lazenby, Roland (2014), *Michael Jordan: The Life*, New York: Little, Brown and Company.

Leblanc, Lauraine (1999), *Pretty in Punk: Girls' Gender Resistance in a Boys' Subculture*, New Brunswick, NJ: Rutgers University Press.

Ledger, Florence (1978), *Put Your Foot Down: A Treatise on the History of Shoes*, New York: Colin Venton.

Legates, Marlene (2001), *In Their Time: A History of Feminism in Western Society.* New York: Longman Publishing Group.

Lemert, Charles (1997), *Postmodernism Is Not What You Think*, Oxford: Blackwell.

Lerman, Nina and Ruth Oldenziel (eds) (2003), *Gender and Technology: A Reader*, John Hopkins University Press.

Liebow, Elliot (1967), *Tally's Corner: A Study of Negro Street Corner*, Boston, MA: Little, Brown and Company.

Lillethun, Abby (2011), "Part IV-Fashion and Identity: Introduction" in *The Fashion Reader*, Second Edition, edited by Linda Welters and Abby Lillethun, Oxford: Berg, pp. 189–191.

Lipovetsky, Gilles (1994), *Empire of Fashion: Dressing Modern Democracy*, Princeton, NJ: Princeton University Press.

Longeville, Thibaut de and Lisa Leone (dir.) (2005), *Just for Kicks*, DVD.

Lovell, Terry (1998), "Cultural Production" in *Cultural Theory and Popular Culture: A Reader*, edited by John Storey, Hemel Hempstead: Prentice Hall, pp. 476–482.

Lukács, Georg (1971), *History and Class Consciousness*, London: Merlin Press.

Luvaas, Brent (2012), *DIY Style: Fashion, Music and Global Digital Cultures*, London: Berg.

Lv, Luo and Zhang Huiguang (2007), *Sneakers*, Victoria, BC: Page One Publishing.

Lyotard, Jean-François (1984), *The Postmodern Condition*, translated by Geoffrey Bennington and Brian Massumi, Manchester: Manchester University Press.

MacDonald, Dwight (1998), "A Theory of Mass Culture" in *Cultural Theory and Popular Culture: A Reader*, edited by John Storey, Hemel Hempstead: Prentice Hall, pp. 22–36.

MacDonald, Nancy (2003), *The Graffiti Subculture: Youth, Masculinity and Identity in London and New York*, New York: Palgrave.

MacRae, Rhoda (2007), "'Insider' and 'Outsider' Issues in Youth Research" in *Youth Cultures: Scenes, Subcultures and Tribes*, edited by Paul Hodkinson and Wolfgang Deicke, London: Routledge, pp. 51–61.

Martin-Barbero, Jesus (1993), *Communication, Culture and Hegemony*, London: Sage.

Martinez, Katharine and Kenneth L. Ames (1997), *The Material Culture of Gender, the Gender of Material Culture*, Winterhur, DEL: The Henry Francis du Pont Winterhur Museum.

Marx, Karl (1956), *Capital*, Moscow: Progress Publishers.

Mattioli, Dana (2011), "Nike Footwork Yields Long Lines", *The Wall Street Journal*, December 29.

McCracken, Grant (1988), *Culture and Consumption: New Approaches to the Symbolic Character of Consumer Goods and Activities*, Bloomington, IN and Indianapolis, IN: Indiana University Press.

McDowell, Colin (1989), *Shoes: Fashion and Fantasy*, London: Thames and Hudson Ltd.

McIver, Jack Alexander (1994), *All About Shoes: Footwear Through the Ages*, Toronto, Canada: Bata Limited.

McLung, Alfred Lee (1945), *Race Riots Aren't Necessary*, New York: Public Affairs Committee, Inc.

McNeil, Peter (2009), "Part I: A Brief History of Men's Fashion - Introduction" in *The Men's Fashion Readers*, edited by Peter McNeil and Vicki Karaminas, Oxford: Berg, pp. 15–18.

McNeil, Peter and Giorgio Riello (eds) (2011a), *Shoes: A History from Sandals to Sneakers*, Paperback Edition, London: Berg

McNeil, Peter and Giorgio Riello (eds) (2011b), "A Long Walk: Shoes, People and Place" in *Shoes: A History from Sandals to Sneakers*, Paperback Edition, London: Berg, pp. 2–28.

McNeil, Peter and Giorgio Riello (eds) 2011c), "Walking the Streets of London and Paris: Shoes in the Enlightenment" in *Shoes: A History from Sandals to Sneakers*, Paperback Edition, London: Berg, pp. 94–115.

McNeil, Peter and Vicki Karaminas (eds) (2009), *The Men's Fashion Reader*, London: Berg.

McRobbie, Angela (1981), "Settling Accounts with Subcultures: A Feminist Critique" in *Culture, Ideology, and Social Process*, edited by Tony Bennet, Graham Martin, Colin Mercer and Janet Woollacott, London: Open University Press.

McRobbie, Angela ([1989] 2005), "Second-Hand Dresses and the Role of the Ragmarket" in *The Subcultures Reader*, edited by Ken Gelder, New York: Routledge.

McRobbie, Angela (1991), *Feminism and Youth Culture: From "Jackie" to "Just Seventeen"*, London: Macmillan

McRobbie, Angela and Jennifer Gerber ([1981] 1991), "Girls and Subcultures" in *Feminism and Youth Culture: From "Jackie" to "Just Seventeen"*, edited by Angela McRobbie, London: Macmillan.

McRobbie, Angela and Mica Nava (eds.) (1984), *Gender and Generation*, London: Macmillan.

McWilliams, John C. (2000), *The 1960s Cultural Revolution*, Westport, CT: Greenwood.

Mead, Margaret (1935), *Sex and Temperament in Three Primitive Societies*, New York: George Routledge.

Merton, Robert K. (1946), *Mass Persuasion*, New York: Harper and Bros.

Merton, Robert K. (1957), *Social Theory and Social Structure*, New York: Free Press.

Messner, Michael (2000), "Barbie Girls Versus Sea Monsters", *Gender and Society Journal*, 14, 6: 765–784.

Miller, Judith (2009), *Shoes*, New York: Octopus Publishing.

Miller, Monica L. (2013), "'Fresh-Dressed Like a Million Bucks': Black Dandyism and Hip-Hop" in *Artist, Rebel, Dandy: Men of Fashion*, edited by Kate Irvin and Laurie Anne Brewer, New Haven, CT: Yale University Press, in association with Museum of Art, Rhode Island School of Design, pp. 149–158.

Mills, C. Wright (1959), *The Sociological Imagination*, Oxford: Oxford University Press.

Mills, Ron and Allen Huff (1999), *Style Over Substance: A Critical Analysis of an African-American Teenage Subculture*, Chicago, IL: African American Images.

Mitchell, Louise (ed.) (2006), *The Cutting Edge: Fashion from Japan*, Sydney, Australia: Museum of Applied Arts and Sciences.

Moore, Ryan (2009), *Sells Like Teen Spirit: Youth Culture and Social Crisis*, New York: NYU Press.

Morales, Marta (2013), *The Complete Book of Shoes*, New York: Firefly Books Ltd.

Muggleton, David (1997), "The Post-Subculturalist" in *The Clubcultures Reader: Readings in Popular Cultural Studies*, edited by Steve Redhead, Derek Wynne, and Justin O'Connor, Oxford: Blackwell.

Muggleton, David (2000), *Inside Subculture: The Postmodern Meaning of Style*, Oxford: Berg.

Muggleton, David and Rupert Weinzierl (eds.) (2003), *The Post-Subcultures Reader*, Oxford: Berg.

Muller, Florence (1997), *Baskets: Une historie des chaussures de sport, de ville*, Paris: Editions du Regard.

Nahshon, Edna (2008), "Jews and Shoes" in *Jews and Shoes*, edited by Edna Nahshon, Oxford: Berg, pp. 1–36.

Nava, Mica (1992), *Changing Cultures: Feminism, Youth Consumerism*, London: Sage.

Ogunnaike, Lola (2004), "SoHo Runs for Blue and Yellow Sneakers", *The New York Times*, December 19.

O'Hara, Craig (2001), *The Philosophy of Punk: More Than Noise*, San Francisco, CA: AK Press.

O'Keefe, Linda (1996), *Shoes: A Celebration of Pumps, Sandals, Slippers and More*, New York: Workman Publishing Company.

Osborne, Ben (ed.) (2014), *SLAM KICKS: Basketball Sneakers that Changed the Game*, New York: Universe Publishing.

Osgerby, Bill (1998), *Youth in Britain Since 1945*, Oxford: Blackwell Publishing Ltd.

Ouaknin, Marc-Alain (2000), *Symbols of Judaism*, Paris, France: Assouline Publishing.

Palazzolo, Joe (2014), "Do Jurors Have a Right to Wear Sneakers?", *The Wall Street Journal* blog, June 9 (blogs.wsj.com/law/author/jpalazzolo).

Palladini, Doug (2009), *Vans "Off the Wall": Stories of Sole from Vans Originals*, New York: Abrams.

Paris, Jeffrey and Michael Ault (2004), "Subcultures and Political Resistance", *Peace Review*, 16, 4: 403–407.

Parmar, Priya, Birgit Richard and Shirley R. Steinberg (2006), *Contemporary Youth Culture: An International Encyclopedia*, Westport, CT: Greenwood.

Patton, Paul (1986), "The Selling of Michael Jordan", *New York Times Magazine*, November 9: 48–58.

Payne, Blanche (1965), *History of Costume from the Ancient Egyptians to the Twentieth Century*, New York: Harper & Row.

Peck & Snyder (1971), *Sporting Goods*, Princeton, NJ: The Pyne Press.

Peng, Hsiao-yen (2010), *Dandyism and Transcultural Modernity: The Dandy, the Flaneur, and the Translator in 1930s Shanghai, Tokyo and Paris*, London: Routledge.

Perrot, Philip (1996), *Fashioning the Bourgeoisie: A History of Clothing in the Nineteenth Century*, translated by Richard Bienvenu, Princeton, NJ: Princeton University Press.

Peterson, Hal (2007), *Chucks! The Phenomenon of Converse Chuck Taylor All Star*, New York: Skyhorse Publishing.

Peterson, Richard A. (1992), "Understanding Audience Segmentation: From Elite and Mass to Omnivore and Univore", *Poetics*, 21: 243–258.

Peterson, Richard A. and Roger M. Kern (1996), "Changing Highbrow Taste: From Snob to Omnivore", *American Sociological Review*, 61: 900–907.

Pilkington, Hilary (1994), *Russia's Youth and Its Culture: A Nation's Constructor and Constructed*, London: Routledge.

Pilkington, Hilary (1996), *Gender, Generation and Identity in Contemporary Russia*, London: Routledge.

Pilkington, Hilary and Galina Yemelianova (eds) (2002), *Islam in Post-Soviet Russia*, London: Routledge.

Pilkington, Hilary Al'bina Garifzianova and Elena Omel'chenko (2010), *Russia's Skinheads: Exploring and Rethinking Subcultural Lives*, London: Routledge.

Ping, Wang (2002), *Aching for Beauty: Footbinding in China*, New York: Anchor Books.

Polhemus, Ted (1994), *Street Style*, London: Thames and Hudson.

Polhemus, Ted (1996), *Style Surfing*, London: Thames and Hudson.

Polhemus, Ted and Lynn Proctor (1978), *Fashion and Antifashion: An Anthropology of Clothing and Adornment*, London: Thames and Hudson.

Prasso, Sheridan and Diane Brady (2003), "Can the High End Hold Its Own?", *Business Week*, June 30, p. 7.

Price, Emmett G. III (2006), *Hip-Hop Culture*, Santa, CA: ABC-CLIO, Inc.

Purcell, Natalie J. (2003), *Death Metal Music: The Passion and Politics of a Subculture*, Jefferson, NC: McFarland.

Rabaka, Reiland (2011), *Hip Hop's Inheritance: From the Harlem Renaissance to the Hip Hop Feminist Movement*, Lanham, MD: Rowman and Littlefield Publishers.

Raha, Maria (2005), *Cinderella's Big Score: Women of the Punk and Indie Underground*, Emeryville, CA: Sea Press.

Rahn, Janice (2002), *Painting Without Permission: Hip-Hop Graffiti Subculture*, Westport, CT: Bergin & Garvey

Readhead, Steve (1997), *Subculture to Clubcultures: An Introduction to Popular Cultural Studies*, Oxford: Blackwell Publishing.

Reddington, Helen (2004), "The Forgotten Revolution of Female Punk Musicians in the 1970s", *Peace Review*, 16, 4: 439–444.

Reed, John Shelton (1972), *The Enduring South: Subcultural Persistence in Mass Society*. Lexington, MA: D.C. Health.

Reilly, Andrew and Sarah Cosbey (2008), *Men's Fashion Reader*, New York: Fairchild Books.

Riello, Giorgio (2006), *A Foot in the Past*, London: Oxford University Press.

Roach-Higgins, Mary Ellen, Joanne B. Eicher and Kim K. P. Johnson (1995), *Dress and Identity*, New York: Fairchild.

Robertson, Roland (1995), "Glocalization: Time-Space and Homogeneity-Heterogeneity" in *Global Modernities*, edited by Mike Featherstone, Scott Lash and Robert Robertson, London: Sage, pp. 25–44.

Robinson, Rebecca (2008), "It Won't Stop: The Evolution of Men's Hip-Hop Gear" in *Men's Fashion Reader*, edited by Andrew Reilly and Sarah Cosbey, New York: Fairchild Books, pp. 253–263.

Rocca, Federico (2013), *A Matter of Fashion: 20 Iconic Items that Changed the History of Style*, New York: White Star Publishers.

Roche, Daniel (1997), *The Culture of Clothing: Dress and Fashion in the Ancient Regime*, translated by Jean Birrell, Cambridge: Cambridge University Press.

Ross, Doran (2011), "Footwear" in *Part 3: Types of Dress in Africa, Volume 1, Berg Encyclopedia of World Dress and Fashion*, edited by Joanne B. Eicher, London: Berg.

Rossi, William A. (1976), *The Sex Life of the Foot and Shoe*, New York: Saturday Review Press.

Sabin, Roger (1999), *Punk Rock: So What?*, New York: Routledge.

Sagert, Kelly Boyer (2009), *Flappers: A Guide to an American Subculture*, Westport, CT: Greenwood.

Said, Edward (1993), *Culture and Imperialism*, New York: Vintage Books.

Sato, Ikuo (1998), *Kamikaze Biker: Parody and Anatomy in Affluent Japan*, Chicago, IL: University of Chicago Press.

Saussure, Ferdinand de ([1916] 1986), *Course in General Linguistics*, La Salle, IL: Open Court Publishing Company.

Schneider, Doug (2008), "Skate Shoes" in *Made for Skate: The Illustrated History of Skateboard Footwear*, edited by Jürgen Blümlein, Daniel Schmid and Dirk Vogel, Berlin, Germany: Gingko Press, p. 59.

Schwöbel, Laura (2008), *Gothic Subculture in Finland: History, Fashion and Lifestyle*, Saarbruecken, Germany: VDM Verlag.

Scott, James. *Domination and the Arts of Resistance*. New Haven, CT: Yale University Press, 1990.

Seidman, Steven (1994), *The Postmodern Turn*, Cambridge: Cambridge University Press.

Semmelhack, Elizabeth (2011), "A Delicate Balance: Women, Power and High Heels" in *Shoes: A History from Sandals to Sneakers*, edited by Peter McNeil and Girogio Riello, Paperback Edition, London: Berg, pp. 224–249.

Shils, Edward (1975a), *Centre and Periphery: Essays in Macrosociology*, Chicago, IL: University of Chicago Press.

Shils, Edward (1975b), *Centre and Periphery: Essays in Macrosociology*, Chicago, IL: University of Chicago Press, pp. 3–16.

Shils, Edward (1975c), *Centre and Periphery: Essays in Macrosociology*, Chicago, IL: University of Chicago Press, pp. 127–134.

Simmel, Georg ([1904] 1957), "Fashion", *The American Journal of Sociology*, LXII, 6, May 1957: 541–558.

Simmel, Georg ([1905] 1997), "Philosophy of Fashion" in *Simmel on Culture*, edited by David Frisby and Michael Featherstone, London: Sage.

Simonelli, David (2002), "Anarchy, Pop and Violence: Punk Rock Subculture and the Rhetoric of Class, 1976-1978", *Contemporary British History*, 16, 2: 121–144.

Sims, Josh (2010), *Cult Street Wear*, London: Laurence King Publishing, Ltd.

Skott-Myhre, Hans Arthur (2009), *Youth and Subculture as Creative Force: Creating New Spaces for Radical Youth Work*, Toronto: University of Toronto Press.

Small, Lisa (ed.) (2014), *Killer Heels: The Art of the High-Heeled Shoe Exhibition Catalogue*, New York: Brooklyn Museum and DelMonico Books.

Smith, Sam (1992), *The Jordan Rules*. New York: Simon and Schuster.

Smith, Sam (2014), *There Is No Next: NBA Legends on the Legacy of Michael Jordan*, New York: Pocket Books Publishing.

Snyder, Gregory J. (2009), *Graffiti Lives: Beyond the Tag in New York's Urban Underground*, New York: New York University Press.

Spencer, Herbert ([1896] 1966), *The Principles of Sociology*, Volume II, New York: D. Appleton and Co.

Stanton, Domna D. (1980), *The Aristocrat as Art: A Study of Honnête Homme and the Dandy in Seventeenth- and Nineteenth-Century French Literature*, New York: Columbia University Press.

Steele, Valerie (1985), *Fashion and Eroticism*, New York: Oxford University Press.

Steele, Valerie (1996), *Fetish: Fashion, Sex, and Power*, Oxford: Oxford University Press.

Steele, Valerie (1999), *Shoes: A Lexicon of Style*, New York: Rizzoli.

Steele, Valerie (2001), *The Corset: A Cultural History*, New Haven, CT and London: Yale University Press.

Steele, Valerie (2011), "Shoes and the Erotic Imagination" in *Shoes: A History from Sandals to Sneakers*, edited by Peter McNeil and Girogio Riello, Paperback Edition, London: Berg, pp. 250–271.

Steele, Valerie (2013), "Introduction" in *Shoe Obsession*, edited by Valerie Steele and Colleen Hill, New Haven, CT: Yale University Press.

Steele, Valerie and Colleen Hill (eds) (2013), *Shoe Obsession*, New Haven, CT: Yale University Press.

Storey, John (1999), *Cultural Consumption and Everyday Life*, London: Arnold.

Storey, John (2001), *Cultural Theory and Popular Culture*, Harlow: Pearson Education.

Storey, John (2003), *Inventing Popular Culture*, Oxford: Blackwell Publishing.

Stroller, Robert (1985), *Observing the Erotic Imagination*, New Haven, CT and London: Yale University Press.

Sumner, William Graham ([1906] 1940), *Folkways: A Study of the Sociological Importance of Usages, Manners, Customs, Mores and Morals*, Boston, MA: Ginn and Company.

Sumner, William Graham and Albert Gallway Keller (1927), *The Science of Society*, Volume III, New Haven, CT: Yale University Press.

Swann, June (1982), *Shoes*, London: Butler & Tanner Ltd.

Swann, June (1986), *Shoemaking*, Princes Risborough: Shire Publications.

Swann, June (2001), *History of Footwear in Norway, Sweden and Finland*, Stockholm, Sweden: Kungl Vitthets Historic och Antikviters.

Tarde, Gabriel (1903), *The Laws of Imitation*, translated by Elsie C. Parsons, New York: Henry Holt.

Thomas, W. I. and Florian Witold Znaniecki (1918), *The Polish Peasant in Europe and America*, Chicago, IL: University of Illinois Press.

Thornton, Sarah (1995), *Club Cultures: Music, Media and Subcultural Capital*, Cambridge: Polity Press.

Thrasher, Frederick M. (1927), *The Gang*, Chicago, IL: University of Chicago Press.

Thuresson, Mike (2002), *"French Fancies", Japan, Inc.*, Tokyo, Japan: SRD Japan Inc.

Tönnies, Ferdinand ([1887] 1963), *Community and Society*, New York: Harper and Row.

Tönnies, Ferdinand ([1909] 1961), *Custom: An Essay on Social Codes*, translated by A. F. Borenstein, New York: The Free Press.

Trasko, Mary (1989), *Heavenly Soles: Extraordinary Twentieth-Century Shoes*, New York: Abbeville Press.

Turcotte, Bryan Ray (2007), *Punk Is Dead, Punk Is Everything*, Corte Madera, CA: Gingko Press.

Turner, Bryan (ed.) (1990), *Theories of Modernity and Postmodernity*, London: Sage.

Turner, Thomas (2014), *The Origins of the Modern Shoes, 1945–1975* (unpublished PhD dissertation), Birkbeck University of London.

Turner, Victor (1986), *The Anthropology of Performance*, New York: PAJ Publications.

U-Dox (2014), *Sneakers: The Complete Limited Editions Guide*, New York: Thames & Hudson.

Unorthdox Styles (2005), *Sneakers: The Complete Collectors' Guide*, New York: Thames and Hudson.

Vainshtein, Olga (2009), "Dandyism, Visual Games, and the Strategies of Representation" in *The Men's Fashion Readers*, edited by Peter McNeil and Vicki Karaminas, Oxford: Berg, pp. 84–107.

Vanderbilt, Tom (1998), *The Sneaker Book: Anatomy of an Industry and an Icon*, New York: The New Press.

Vartanin, Ivan (ed.) (2011a), *High Heels: Fashion, Femininity, Seduction*, Tokyo, Japan: Goliga.

Vartanin, Ivan (2011b), "Introduction: Nude In Heels, or a Fetish for Photography" in *High Heels: Fashion, Femininity, Seduction*, Tokyo, Japan: Goliga, pp. 12–35.

Veblen, Thorstein ([1899] 1957), *The Theory of Leisure Class*, London: Allen and Unwin.

Veblen, Thorstein (1964), "The Economic Theory of Women's Dress" in *Essays in Our Changing Order*, edited by Leon Ardzrooni, New York: Augustus M. Kelley, p. 72.

Vianello, Andrea (2011), "Court Lady or Courtesans? The Venetian Chopine in the Renaissance" in *Shoes: A History from Sandals to Sneakers*, edited by Peter McNeil and Girogio Riello, Paperback Edition, London: Berg, pp. 76–93.

Vogel, Steven (2007), *STREET WEAR: The Insider's Guide*, San Francisco, CA: Chronicle Books.

Walford, Jonathan (2007), *The Seductive Shoe: Four Centuries of Fashion Footwear*, New York: Stewart, Tabori & Chang.

Walford, Jonathan (2010), *Shoes A-Z: Designers, Brands, Manufactures and Retailers*, New York: Thames and Hudson.

Walker, Samuel Americus (1978), *Sneakers*, New York: Workman Publishing.

Walters, Malcolm (1995), *Globalization*, London: Routledge.

Weber, Caroline (2014), "The Eternal High Heel: Eroticism and Empowerment" in *The Killer Heels: The Art of the High-Heeled Shoe Exhibition Catalogue*, edited by Lisa Small, New York: Brooklyn Museum and DelMonico Books.

Weber, Max (1947), *The Theory of Social and Economic Organization*, New York: Oxford University Press.

Weber, Max (1968), *Economy and Society*, New York: Bedminster Press.

Welters, Linda and Abby Lillethun (2011), *The Fashion Reader*, Second Edition, Oxford: Berg

White, Harrison (1993), *Careers and Creativity: Social Forces in the Arts*, Boulder, CO: Westview Press.

White, R. D. (1993), *Youth Subcultures: Theory, History, and the Australian Experience*, Hobart, Tasmania: National Clearinghouse for Youth Studies.

Whyte, William Foote (1943), *Street Corner Society*, Chicago, IL: University of Chicago Press.

Widdicombe, Sue and Rob Wooffitt (1990), "'Being' versus 'Doing' Punk: On Achieving Authenticity as a Member", *Journal of Language and Social Psychology*, 9: 257–277.

Wilcox, Turner (1948), *Mode in Footwear*, New York and London: Charles Scribner's Sons.

Williams, Alex (2012), "Guerilla Fashion: The Story of Supreme", *The New York Times*, November 21, p. E1.

Williams, J. Patrick (2011), *Subcultural Theory: Traditions and Concepts*, Cambridge: Polity Press.

Williams, Raymond (1998), "The Analysis of Culture" in *Cultural Theory and Popular Culture: A Reader*, edited by John Storey, pp. 48–56, Hemel Hempstead: Prentice Hall.

Willis, Paul (1978), *Learning to Labour: How Working Class Kids Get Working Class Jobs*, London: Ashgate Publishing.

Wilson, Elizabeth (1985), *Adorned in Dreams: Fashion and Modernity*, Berkeley, CA: University of California Press.

Wilson, Elizabeth (1994), "Fashion and Postmodernism" in *Cultural Theory and Popular Culture: A Reader*, edited by John Storey, Hemel Hempstead: Prentice Hall, pp. 392–462.

Wilson, Eunice (1969), *A History of Shoe Fashions: A Study of Shoe Design in Relation to Costume for Shoe Designers*, London: Pitman.

Wilson, William Julius (1978), *The Declining Significance of Race*, Chicago, IL: University of Chicago Press.

Wojcik, Daniel (1995), *Punk and Neo-Tribal Body Art*, Jackson, Mississippi: University Press of Mississippi.

Wolfgang, Marvin and Franco Ferracuti (1967), *The Subculture of Violence: Towards an Integrated Theory in Criminology*. London: Tavistock Publications.

Wood, Robert T. (2006), *Straightedge Youth: Complexity and Contradictions of a Subculture*, Syracuse, NY: Syracuse University Press.

Wright, Lee (1989), "Objectifying Gender: The Stiletto Heel" in *A View from the Interior: Feminism, Women and Design*, edited by Judy Atfield and Pat Kirkland, London: The Women's Press, p. 8.

Zamperini, Paola (2011), "A Dream of Butterflies?: Shoes in Chinese Culture" in *Shoes: A History from Sandals to Sneakers*, edited by Peter McNeil and Girogio Riello, Paperback Edition, London: Berg, pp. 196–205.

Zimmerman, Caroline (1978), *The Super Sneaker Book*, New York: A Dolphin Book/ Doubleday & Company, Inc.

人名索引

Index

adornment 5, 20, 26, 32, 35, 48, 60,
    83–5
  masculine 81–105
aesthetics 1, 5, 7, 8, 44, 48, 49, 54, 57,
    74, 75, 83, 84, 94, 104, 105, 110
  hip-hop 5, 46–7
age 4, 19, 21, 27, 43, 49, 67, 71, 72, 77,
    78, 80, 95, 96
  modern 67
  postmodern 104, 113
Air Jordan 14, 15, 38, 43, 50, 51, 54, 57,
    74, 75–6, 91, 99, 100
anomie 79, 107, 110, 111, 112, 113.
    See also Durkheim
  in postmodern society 110–11
athlete 13, 15, 51, 73, 74, 75, 79, 83,
    84, 92

barefoot 21, 29, 117, 118
basketball 15, 16, 43, 50, 51, 53, 54, 57,
    73, 74, 83, 95, 104
beauty 85, 88, 118
Bengtson, Russ 40, 56, 70, 92–3
Bennett, Andy 9, 41, 42
Bourdieu, Pierre 49, 68, 69, 104, 109
Bowerman, Bill 14, 54
Breward, Christopher 2, 7
Brummel, Beau 86–7, 88
Buddhism 31, 32

cenela 26–27
chopines 17, 25, 26, 29, 35, 62
christianity 30, 31
Cinderella 118
class 1, 4, 8, 9, 15, 20, 25, 26, 27, 29,
    32, 33, 35, 44, 48, 49, 62, 67, 77,
    78, 80
  upper 28, 52, 86
  working- 41, 46, 60, 66

collective conscience 107, 111–13.
    See also Durkheim, Emile
commodification 34, 42, 43, 64, 96–101,
    105
connoisseur 6, 16, 47, 84
consumption 3, 16, 49, 77, 82, 88, 90,
    91, 97, 99, 103, 111
Crane, Diana 78, 79, 109
cultural studies 4, 41, 107

dandy. *See also* dandyism
dandyism 86–89
Davis, Fred 78, 80
diffusion 15, 43, 50, 85, 96–7, 104
Durkheim, Emile 17, 57, 68, 79, 107–13

Eicher, Joanne 22, 78
empirical work/research 4, 17, 89, 118
empowerment 33
endorsement 51, 54, 73–6
entrepreneur 71–2, 77
eroticism 25, 32, 33, 117
ethnography 9–11, 41, 42, 124

fashion 1, 2, 3, 4, 5, 7, 8, 12, 16, 17, 20,
    24, 25, 26, 28, 32, 33, 34, 39, 44,
    46, 48, 52, 64, 65, 74, 77, 78, 80,
    81, 82, 84, 85, 86, 87, 88, 90, 92,
    94, 97, 99, 102, 104, 108, 110,
    115, 116, 124, 125
  design 5, 59, 74, 121
  and dress studies 4, 17, 19, 21–4, 35,
    60, 115, 121
  industry 12, 49, 99
  object 80
  postmodern 105
  scholars 16
feminine 26, 33, 34, 61, 63, 67, 69, 78,
    81, 85

femininity 33, 59, 63, 65, 66, 118, 119, 124, 125
fetishism 32, 33
fieldwork 11, 40, 42, 60, 69, 107
footbinding 118
footwear 1, 2, 3, 4, 5, 7, 11, 12, 16, 17, 34, 37, 46, 48, 51, 52, 59, 61, 62, 63, 73, 80, 82
  as academic research 13, 19–35
  African 27–28
  athletic 13, 14
  as fetish object 32–5
  gender and 60–2
  historical 25–8, 52
  Japanese 27, 117
  religion 30–2
  studies 7, 16, 19, 20, 23, 24, 25, 37, 52, 115–21

Garcia, Bobbito 6, 15, 16, 47, 54, 69, 70, 90, 95
Gelder, Ken 41, 47, 48, 124
gender 2, 4, 15, 16, 17, 21, 25, 30, 32, 52, 62, 65, 66, 77–80, 107, 108
  differences 61, 63
  distinctions 34
  identity 33, 52, 80
  inequalities 67
  studies 115
Gill, Allison 16, 54, 74, 75, 76, 85, 98
goth 9, 10, 66
graffiti 5, 44, 45, 46, 49, 98, 103, 104
Gramsci, Antonio 60

Haenfler, Ross 9, 48, 79, 103, 110
Haute Couture 48
hegemonic 60
  masculinity 17, 96
hegemony 60
high-heels 11, 60, 71
hip-hop 5, 44, 45, 46
  culture 8, 38, 43, 47, 77, 98, 102
Hodkinson, Paul 9, 10, 41
Hypebeast 93, 95, 123

identity 2, 13, 9, 21, 25, 26, 27, 30, 38, 42, 62, 66, 78–80, 99
  gender 33, 61
  masculine 66, 78–80

postmodern 110
  subcultural 97
influencer 86
insider 3, 9–11, 42, 68, 69, 90, 110.
  See also outsider
Islam 30–1

James, LeBron 14, 39, 40, 74
Jordan, Michael 43
Judaism 30
Just for Kicks 8

Karaminas, Vicki 2, 99
kicks 5, 6, 8, 16, 17
Ko, Dorothy 118
Koenig, Rene 92

language 29, 38, 46
  sneaker 38–9, 74–6 (*see also* rhetoric)
Lolita girls 66

manhood 2, 59–80
masculine 61, 62, 63, 66, 67, 69, 78.
  See also feminine
  adornment 81–105
masculinity 2, 7, 17, 59–80, 85, 87, 88, 89, 96. *See also* femininity
McNeil, Peter 2, 16, 21, 22, 24, 25, 32, 62, 81
McRobbie, Angela 8, 66, 69–70
methods/methodology 9, 10, 24, 38, 40, 41, 46, 93, 108
Mills, C. Wright 7, 65, 108
minorities 40, 43, 44, 47, 77
mobility 27, 35, 52, 54, 62–3, 77, 79, 83, 118, 119
modern/modernity 1, 2, 4, 7, 21, 25, 29, 33, 34, 59, 67, 77, 78, 85, 86, 87, 88, 89, 107, 108, 109–10, 111, 112, 117, 120, 121
modesty 19, 20, 30
movies 98–9, 100–2
Muggleton, David 4, 9, 10, 41, 42, 43, 60, 109
multiculturalism 44, 79
music 4, 8, 10, 42, 44, 45, 46, 47, 48, 49, 64, 69, 98–102, 103, 105

National Basketball Association (NBA) 50,
51, 57, 74, 124
neomania 91–4
neophilia 91–4
New York 3, 5, 6, 8, 11, 14, 17, 19, 23,
43, 44, 53, 55, 69, 72, 90, 98,
102, 104, 116
novelty 82, 91, 92, 110, 116

objectivity 10

personification 73–4. *See also* success
postmodernity 104, 105, 108, 109–11
post-subcultural theory 17, 41, 42
poulaines 25, 26, 61
power 1, 11, 16, 21, 29, 20, 33, 34, 47,
51, 52, 63, 67, 75, 80, 81, 88, 89,
94, 96, 118
practice 1, 15, 21, 24, 26, 29, 30, 32, 48,
60, 61, 65, 69, 71, 81, 88, 96, 98,
105, 111, 118, 120
theory and 108–9
protection 19–20, 25, 26, 30, 31, 83
punk 4, 5, 24, 41, 48, 60, 64, 69,
96, 98

race 4, 77, 80, 104, 105, 108, 113
red 31, 51–2, 55, 72
rejection 47–9
resistance 41, 48, 64, 107
rhetoric 22, 74, 75, 76
Riello, Giorgio 1, 16, 19, 21, 22, 24, 25,
32, 61, 62, 63, 120
Riot Grrrls 66
runners 17
running shoes 17

scene 5, 7, 8, 9, 42, 44, 73, 98, 99
scholarship 19
self-display 20, 85, 88, 104, 105
self-image 74
sex 8, 19, 25, 34, 60, 61, 62, 65, 86, 89,
119
sexism 67
sexual behavior 33
sexuality 1, 33, 34, 35, 52, 65, 86
shopper 71–4
Simmel, Georg 88
slippers 23, 26, 27, 28, 118, 126

sneakerhead 5, 6, 37, 38, 50, 66, 68, 71,
90, 111
sneakers
controversies 56–7
game 53, 74, 95, 96
glossary 38–40
hunting 58, 80, 81, 94–6
industry 11–15, 50, 53
literature on 15–16
norms 57, 89–91
obsession 87, 88–9, 96, 109
sociology 1–9
subculture 35–57
technologies 52–6
social capital 60, 67–71
social cohesion 111–13
social media 43, 50, 56, 57, 70, 71, 79,
94, 95, 96, 97, 113
social sciences 4, 10, 65, 121, 124
social theory 40, 113
macro 7, 65, 107, 112
micro 7, 40, 65
socialization 37, 49, 65, 67–71, 96, 124
sociology 1–18, 21, 40, 107, 108, 109,
111, 124
solidarity 111–13. *See also* Durkheim,
Emile
mechanical 111
organic 111
South Bronx 44, 48
speed 43, 71, 75, 76, 80, 94, 95
sports 2, 7, 8, 13, 14, 19, 41, 53, 60, 74,
75, 76, 84, 92, 95, 103, 105
Steele, Valerie 1, 24, 33, 34, 59, 124
stockings 31, 119
streetwear 5, 46, 93, 102, 104, 123
subcultural capital 68, 69
subcultural theories 8, 17, 37
subculture 4, 6, 7–9, 10, 11, 15, 16, 17,
37–58, 65–7, 124, 125
success 28, 46, 51, 55, 84, 93, 99
personification of 73–4
sumptuary laws 28–30
Swann, June 23, 25, 62, 123
symbolism 7, 25, 33, 34, 63, 117

Tang Dynasty 118
tastemaker 86

Thornton, Sarah 11, 68, 69, 109
track shoes 17
trainers 16, 17, 84, 85, 98, 123
T-shirt 44, 64

underground 8, 15, 42, 43, 50, 57, 58,
    65, 69, 77, 94, 103, 104, 105
    subculture 37–58
upperground 15, 50, 53
    subculture 37–58, 42, 43

Vanderbilt, Tom 11, 74, 75, 77, 82,
    123
Veblen, Thornstein 48, 63, 82, 87, 88,
    90, 92
Vogel, Steven 5, 46, 102
vulcanization 53–54

Weber, Max 9, 48, 107
Weinzierl, Rupert 41, 42, 43, 60
winner 74

图 2.1 Custom-painted sneakers by @customkickznj.

图 2.2 Custom-painted sneakers by @customkickznj.

图 2.3　Nike Air Jordan XX9.

图 2.4　Nike Air Jordan XIII Retro.

图 **2.5** Nike Air Jordan XIII Retro.

图 **2.6** Nike Air Max 90.

图 2.7 Nike Air Force One.

图 2.8 Nike Foamposite Pro Asteroid.

图 2.9 Nike Air Foamposite One Polarized Pink.

图 **2.10** Nike Air Foamposite One Knicks.

图 2.11 Nike Total Air Foamposite Max Silver

图 2.12 Nike Flyknit Racer.

图 2.13 Puma Disc Blaze Lite Tech.

图 **3.1** Nike Air Foamposite Pro Spiiderman.

图 3.2　adidas × Jeremy Scott JS Wings 2.0.

图 3.3　SneakerCon at Jacob Javits Convention Center in NY.

图 3.4　SneakerCon at Jacob Javits Convention Center in NY.

图 3.5 SneakerCon at Jacob Javits Convention Center in NY

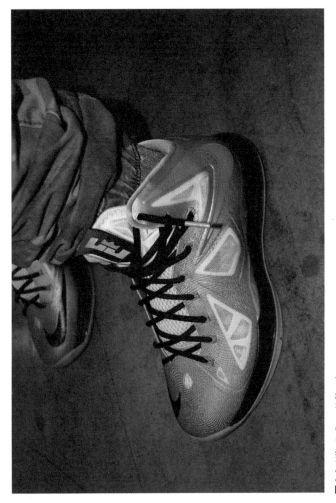

图 **3.6** Nike LeBron X Classic.

图 3.7 Ewing 33 Hi Burgundy Suede.

图 3.8 Nike Air Jordan XIV Retro Ferrari.

图 **3.9** Nike Zoom Kobe 6 Grinch Green Xmas.

图 **4.1** Converse × Comme des Garçons.

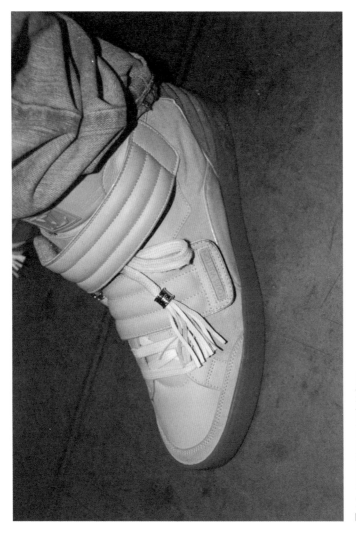

图 **4.2** Kanye West × Louis Vuitton.

图 4.3 Rick Owens Geo Basket.

图 **4.4** Nike Air Max Max LeBron Championship.

图 **4.5** Staple x New Balance M577 "Black Pigeon".

图 **4.6** Nike Kobe 9 EM Independence Day.

图 4.7　Nike What the Lebron 11.

图 4.8　Nike Air Jordan III.

图 4.9 Nike Air Jordan IX Retro Doernbecher.

图 4.10 Nike Air Jordan V Retro.

图 4.11 Nike KD VI Bamboo.

图 4.12 Nike Air Huarache LSR.

图 4.13 Nike LeBron XI Xmas.

图 **4.14** adidas ZX Flux Multi Prism.

图 **4.15** adidas Superstar.

图 **4.16** Supreme × Comme des Garçons × Vans Sk 8.

图 4.17 Supreme × Air Force Foamposite One.

图 4.18 Supreme × Nike Air Force One.